ELEMENTOS DE DISEÑO ELECTRÓNICO EN RADIOFRECUENCIAS

UNIVERSITAS
Editorial Científica Universitaria

GUSTAVO E . CARRANZA

ELEMENTOS DE DISEÑO ELECTRÓNICO EN RADIOFRECUENCIAS

UNIVERSITAS
Editorial Científica Universitaria

Diseño de Tapa: Marcelo A. Tejerina
Autoedición: Marcelo A. Tejerina
Producción Gráfica: Universitas

Hecho el depósito que marca la ley 11.723.

© 2020 Primera Edición en Español. UNIVERSITAS

PRÓLOGO

Este libro es el resultado, provisorio como todos los resultados humanos, de un esfuerzo sostenido en el transcurso de los últimos diez años por encontrar un equilibrio razonable entre la teoría y la práctica del diseño electrónico en el campo de las comunicaciones. La motivación de este esfuerzo ha sido y sigue siendo, la enseñanza en el ámbito del la carrera de Ingeniería Electrónica de la FCEFyN de la UNC.

A lo largo de mi carrera como estudiante en esta Casa cuestioné siempre severamente lo que, a mi juicio, fue el contenido excesivamente teórico de la carrera, con una escasa vinculación práctica. Como resultado de más de veinte años de ejercicio profesional en muy variados ámbitos fui encontrando que las tecnologías y las prácticas han variado de manera descomunal, mientras que los elementos teóricos que las sustentan y las herramientas matemáticas han sufrido mucho menos cambios.

A esta altura de mi carrera profesional revalorizo la profundidad teórica que menosprecié como estudiante y que me permitió afrontar con placer y soltura los diversos cambios tecnológicos que me han tocado vivir.

Insisto permanentemente que la Ingeniería no es una Ciencia Exacta, sino un conjunto de mentiras que funcionan suficientemente bien como para mantener acotados los errores que cometemos al usarlas. Es decir, la Ciencia es una de tantas herramientas humanas, y como tal tiene aplicaciones donde funciona y otras donde su inutilidad es manifiesta. Creo que la Verdad es algo que debería estar fuera de las ambiciones humanas ya que es, a mi humilde juicio, sólo una más de las fantasías que elaboramos ante el pánico que nuestra enorme e insuperable ignorancia nos produce. Al menos esta postura contribuiría, según me parece, a disminuir la cantidad de indecible de errores garrafales que muestra la Historia Humana.

La Ingeniería, según yo la veo, debería tener como objetivo central la producción del conocimiento necesario para minimizar el daño que inevitablemente produce la presencia humana sobre el planeta, además de generar herramientas para el desarrollo del bienestar humano. La civilización actual trata al planeta como si fuera propietaria del mismo perdiendo de vista que los seres humanos pertenecemos al planeta de una manera que no alcanzamos a percibir, sumidos en el ruido infernal a que nos someten los llamados medios de comunicación.

Hemos seleccionado como una primer volumen de este libro, dos temas de enorme importancia en el ámbito de las comunicaciones como son Lazos Enganchados en Fase y los Amplificadores de Señal débil Sintonizados de radio frecuencias. Ambos tienen enfoques teóricos suficientemente diferentes como para que el tratamiento de ambos resulte complementario y enriquecedor.

Respecto del campo de los lazos enganchados en fase planteamos un enfoque pedagógico muy diferente del clásico abordaje matemático, comenzando con el contenido conceptual, siguiendo por la descripción de la oferta tecnològica actual de elementos para su implementación. En tercer lugar planteamos las herramientas matemáticas necesarias para el análisis y síntesis de proyectos específicos y concluimos con un ejemplo de diseño concreto. De esta manera creemos poder dar a cada capítulo un orden más razonable para su comprensión. No hacemos incapié en desarrollos matemáticos excepto cuando consideramos, como en el caso del criterio de estabilidad de Stern, que éstos contribuyen a la comprensión del concepto.

Creemos más importante para el Ingeniero el conocimiento de los alcances y limitaciones de una fórmula matemática que el procedimiento para demostrar su validez lógica, aunque este segundo aspecto también es necesario.

En cuanto a los Amplificadores de Señal Débil, proponemos el tratamiento inicial con parámetros Admitancia, pese a que sus limitaciones en el rango de frecuencia son grandes y creemos que pronto dejarán de usarse, ya que el acercamiento conceptual es mucho más simple y contribuye grandemente a la comprensión general del problema.

El diseño con Parámetros Dispersión "S" es conceptual y estructuralmente idéntico aunque más abstracto y con un rango casi ilimitado de aplicación.

En todos los casos hemos desarrollado ejemplos concretos incluyendo simulaciones con herramientas de software que, a nuestro juicio, contribuyen a la comprensión de los problemas específicos de cada tema.

Agregamos también un capítulo de Diseño con Diodos PIN, que es sólo una traducción del artículo "Design with PIN Diodes" de Gerrald Hiller pero que consideramos suficientemente valioso como para que dispongamos una versión en castellano.

Incorporamos un Disco Compacto con algunas herramientas de software y literatura suplementaria disponible en Internet (casi toda en inglés) para quienes intenten profundizar algunos aspectos de la, inevitablemente, limitada visión que proponemos en estas páginas.

Esperamos, con este esfuerzo placentero y estimulante para nosotros, contribuir en alguna modesta medida a la formación de profesionales de la ingeniería mas capaces y comprometidos con las necesidades de la Humanidad.

INDICE

Indice 7

1. Lazos enganchados en fase 11
Objetivos e introducción... 11
    Objetivos: 11
    Aplicaciones 15
Modulador de Frecuencia 16
    Rastreador de señal.. 16
    Control de velocidad.. 17

2. Componentes del Sistema 19
Señal de Referencia 19
Limitación en frecuencia de los detectores digitales 23
    Filtro 25
    VCO... 26
    Oscilador controlado por tensión (VCO)..................................... 29
    Divisor 40
Divisor cola de golondrina o de módulo doble................................ 40
Contador fraccional 42
Ejemplo de aplicación en equipo de comunicaciones 44

3. Análisis lineal del Sistema 47
Respuesta al ruido.. 49
Definición de rangos... 50
    Rango de Mantenimiento 50
    Rango de sincronismo 51
    Rango de enganche.. 51
    Frecuencia de Oscilación Libre 51
    Orden del lazo.. 51
    Tipo de lazo 51
Filtro RC simple 52
    Filtro de polo y cero simples 53
    Filtro integrador activo 54
Algunas consideraciones sobre ruido 58
    Modos de Enganche Rápido 62

4. Diseño de un PLL 65
Selección de Componentes.. 65
    Cálculo de las ganancias.. 65
    Cálculo de los divisores... 66

Cálculo del filtro... 66
Armado del prototipo 66
Mediciones de comportamiento.. 66
Hojas de datos.. 67
Integrado: PE 3238 69

5. Introducción a los Amplificadores de Señal Débil Sintonizados 73
Objetivos... 73
Introducción.. 73
Circuito resonante y transformación de impedancias................................. 76
Redes de acoplamiento sintonizadas 77

6. Parámetros Admitancia "Y" 81
Diseño de Amplificadores con Parámetros Admitancia Y 83
1 – Selección y Cálculo de Componentes 83
2 – Trazado del Circuito 84
3 – Análisis de Estabilidad 84
4 – Cálculo de Admitancias de Entrada (Y_I) y Salida (Y_{II})............... 89
5 – Cálculo de la ganancia del amplificador..................................... 92
6 – Acoplamientos de Entrada y Salida.. 93
7 - Polarización... 93
8 – Armado de Prototipo Mediciones y Ajustes................................ 93

7. Ejemplo de diseño con parámetros "Y"...97
Especificaciones: 97
Selección del Transistor... 97
Trazado del Circuito 98
Estabilidad 98
Cálculo de ganancia.. 99
Polarización 100
Cálculo de los Acoplamientos 100
Simulación.. 104

8. Introducción a los Parámetros Dispersión "S" 107
Tensión incidente y tensión reflejada 108
Coeficiente de reflexión 109
Definición de Parametros de Dispersión "S" 111
Medición de los parámetros "S".. 112

9. Ecuaciones para el cálculo de amplificadores
con párametros "S".. 113
Cálculo de Γ_I y Γ_{II} 113
Ganancia 115
Estabilidad absoluta... 117
Círculos de Estabilidad.. 117
Redes transformadoras de impedancia 119

10. Diseño de amplificadores con parámetros "S"............................... 121
A - Mínimo ruido.. 121
B - Máxima ganancia.. 122

C - Máxima Ganancia para un número de ruido máximo dado 123
Diagrama de diseño de amplificadores con parámetros "S" 123

11. Ejemplos de diseño con parámetros "S" 125
Especificaciones: 125
Selección del transistor : 125
Datos del transistor : 125
Trazado del circuito: 128
Calculo de Estabilidad - Coeficiente de estabilidad de Rollet 128
Círculos de estabilidad: 128
Análisis de estabilidad de salida: 129
Cálculo de la Ganancia: 129
Cálculo de las impedancias 129
Cálculo de los acoplamientos 131
Cálculo en matlab 134
Programa de Cálculo 134
Resultados 135
Especificaciones: 135
Selección del transistor : 136
Datos del transistor : 136
Ganancia Unilateralizada Máxima: 136
Calculo de Estabilidad - Coeficiente de estabilidad de Rollet 136
Círculos de estabilidad: 137
Análisis de estabilidad de salida: 137
Cálculo de los coeficientes de reflexión: 137
Cálculo de la Ganancia: 138
Cálculo de las impedancias 138
Cálculo de los acoplamientos 139
Cálculo en MATLAB 140
Programa de Cálculo 140

ANEXO - Diseño con diodos PIN 143
Modelo del diodo PIN 143
Modelo de baja frecuencia 144
Modelo de señal fuerte 145
Modelos de RF 145
Modelo en polarizacion directa 145
Modelo con polarizacion cero o inversa 145
Modelo de conmutacion 146
Modelo termico 147
Aplicaciones de los diodos PIN 148
Llaves 148
Llaves serie 150
Aislación: 150
Llaves compuestas y sintonizadas 154
Llaves de transmisión recepción 157
Claves prácticas de diseño 159
Atenuadores con diodos PIN 159
Atenuadores reflectivos 161
Atenuadores apareados 162

Atenuadores hibridos de cuadratura 162
Atenuadores de cuarto de longitud de onda... 163
Atenuadores en "T" puenteada y PI 164
Moduladores con diodos PIN 166
Desplazadores de fase con diodos PIN.. 166
Desplazador de fase de línea conmutada... 167
Desplazadores de fase de línea cargada... 167
Desplazadores de fase reflectivos.. 168
Modelo de distorsión del diodo pin 169
Distorsión en llaves con diodos pin 170
Distorsión en circuitos atenuadores.. 171
Mediciones de distorsión 171

Bibliografía..**173**
Lazos enganchados en fase: bibliografía 173
Amplificadores de señal débil sintonizados: Bibliografía...................................... 173
Bibliografía de diseño con diodos PIN.. 174

CAPÍTULO 1

LAZOS ENGANCHADOS EN FASE

Objetivos e introducción

Objetivos:

Que al completar los capítulos dedicados al tema y la ejercitación propuesta el lector sea capaz de:

1 – Comprender claramente el mecanismo de funcionamiento de un Lazo Enganchado en Fase (PLL).
2 – Comprender el funcionamiento de los distintos dispositivos físicos que se utilizan para implementarlos, sus ventajas y limitaciones.
3 – Comprender los modelos matemáticos que utilizamos para describir su funcionamiento y las limitaciones de los mismos.
4 – Comprender las hojas de datos de los distintos dispositivos.
5 – Comprender las distintas aplicaciones de los Lazos Enganchados en Fase y los requerimientos específicos para cada una de ellas.
6 – Seleccionar los dispositivos necesarios para una aplicación específica.
7 – Definir las especificaciones para una aplicación específica.
8 – Diseñar un Lazo de acuerdo con especificaciones predefinidas.

Un lazo enganchado en fase (PLL, del inglés Phase Locked Loop) es un sistema que tiene una entrada de frecuencia, y es realimentado en fase para obtener una salida de frecuencia múltiplo entero (o fraccional) de la misma.

Es un circuito muy usado en el ámbito de las comunicaciones para realizar generación o síntesis de frecuencias, modulación y discriminación en frecuencia o fase, sincronización de señales de video y televisión,.

Fueron utilizados por primera vez en 1932 para la detección sincrónica de señales de radio, circuitos de instrumentación y sistemas de telemetría espacial. Durante muchos años se evitó su uso debido a su gran tamaño y costo, ya que en ese momento no existía la implementación de transistores en circuitos integrados.

Con la aparición de los circuitos integrados especializados, se dio la posibilidad de aparición de la gran variedad de ellos dedicados a Lazos Enganchados en Fase de uso general y otros para aplicaciones específicas.

Podemos representar un sistema básico de la siguiente manera:

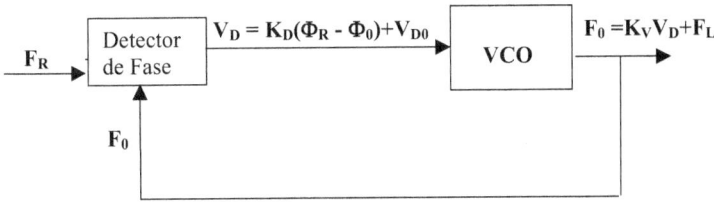

Figura 1

Este esquema corresponde a un sistema ideal. En el mismo, la salida del detector de fase es una tensión continua proporcional a la diferencia de fase entre sus dos entradas.

$V_D = K_D(\Phi_R - \Phi_0) + V_{D0}$ Donde K_D es la ganancia (positiva) del detector de fase y V_{D0} es la tensión cuando el error de fase es nulo.

El oscilador controlado por tensión (**VCO** del inglés Voltage Controlled Oscillator) es un oscilador que presenta a la salida una frecuencia proporcional a la tensión de entrada.

$F_0 = K_V V_D + F_L.$ Donde K_V es la ganancia (positiva) del oscilador controlado por tensión **VCO** y F_L es su frecuencia de oscilación libre. (Cuando la tensión a la entrada es cero)

Entonces:

$$F_0 = K_V * \left[K_D * (\varphi_R - \varphi_0) + v_{D0} \right] + F_L = K_V * \left[K_D * \frac{2\pi}{T_R} \int_0^t (F_R - F_0) * d_t + v_{D0} \right] + F_L$$

Llamando K al producto de las ganancias del detector de fase por la del oscilador controlado por tensión:

$$F_0 = \frac{2\pi K}{T_R} \left[\int_0^t (F_R - F_0) * d_t \right] + K_V * V_{D0} + F_L$$

Puede verse en esta fórmula que para obtener una frecuencia de salida estable en el tiempo debe ser nula la diferencia de frecuencias entre la entrada y la salida y estable la entrada.

Si la frecuencia de referencia es constante y el Oscilador (VCO) tiene una frecuencia de salida inferior a ésta, entonces la diferencia de fase será creciente en el tiempo con lo que la tensión a la entrada del Oscilador llegará al punto en que ambas frecuencias coincidan. Si la frecuencia del Oscilador es mayor que la frecuencia de entrada, la tensión de control disminuirá como consecuencia de la disminución del error de fase.

Si la frecuencia de referencia es constante y el lazo está en equilibrio, la frecuencia de salida es idéntica a la referencia , entonces la diferencia de fase será constante y podemos calcularla como:

$$\Phi_R - \Phi_0 = \frac{\dfrac{F_R - F_L}{K_V} - V_{D0}}{K_D}$$

En la práctica no es viable detectar diferencias de fase superiores a 2π de manera que debemos restringir el rango de fase según el detector de fase que usemos.

Si la frecuencia de referencia aumenta, lo hará también la diferencia de fase, esto genera un aumento en la tensión de salida del detector de fase con lo que el oscilador incrementará su frecuencia hasta alcanzar nuevamente a la de referencia. Si ésta disminuye se repetirá el proceso en sentido inverso volviendo a alcanzarse el equilibrio para otra diferencia de fase. Éste es el motivo de su nombre, es el error de fase el que produce el "enganche" de la frecuencia.

Ejemplo 1:

Dado un PLL como el de la figura 1 donde $K_D = 1V/rad$ $V_{D0}=0V$, $K_V = 10^7$ Hz/V y $F_L=100$ MHz funcionando a una frecuencia de salida de125 MHz.. El rango del detector de fase es de +/- 2π

a – Calcular la tensión de entrada al **VCO**. $V_{VCO}=F_0-F_L/K_V=2,5V$

b – Calcular el error de fase correspondiente. $\Phi_R - \Phi_0 = 2,5rad$

c – Calcular el rango mínimo de frecuencia del **VCO**.

$$F_{MAX} = K_V * V_{DMAX} + F_L = K_V * K_D * (\Phi_R - \Phi_0)_{MAX} + F_L = 162,28MHz$$
$$F_{min} = K_V * V_{Dmin} + F_L = K_V * K_D * (\Phi_R - \Phi_0)_{min} + F_L = 37,17MHz$$

No existen dispositivos físicos cuyo comportamiento sea el descrito en este párrafo. Tampoco es frecuente usar el lazo sin agregados que le permitan ser utilizado en gran variedad de aplicaciones dentro de las radiocomunicaciones.

Presentamos ahora el esquema de un sistema de uso general y con componentes reales que serán luego descritos con mayor detalle. Al esquema básico debemos agregar dos elementos que prácticamente no faltan en ningún sistema basado en Lazos Enganchados en Fase.

Estos son, un **filtro** intercalado entre el detector de fase y el Oscilador (**VCO**) que cumple la **doble función** de determinar el **comportamiento dinámico** del sistema y **atenuar** las componentes indeseadas que todo detector de fase real produce a demás de la componente de error de fase. A esto agregamos un **divisor programable** entre la salida del **Oscilador** y el comparador de fase. De esta forma podemos obtener a la salida cualquier frecuencia múltiplo entero (o fraccional) de la frecuencia de referencia.

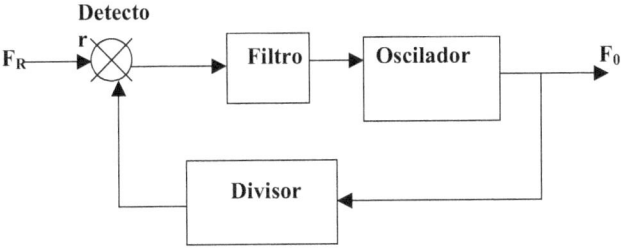

Figura 2

El funcionamiento de este esquema puede analizarse cualitativamente como sigue:

El detector de fase genera pulsos a la frecuencia de referencia, de ancho proporcional a la diferencia de fase (detectores digitales) o la mezcla de ambas señales (detectores analógicos) . Esta señal se filtra y la componente de continua es aplicada al Oscilador de forma tal que tiende a reducir la diferencia de fase entre la frecuencia de salida dividida por N y la señal de referencia. Cuando la tensión en la entrada del oscilador es tal que la frecuencia de salida es N veces la de referencia se dice que el lazo está enganchado. N puede ser un número natural o fraccionario positivo.

El filtro puede ser un pasabajos simple. En este caso, para que la tensión de continua a la entrada del oscilador sea constante, debe serlo también la diferencia de fase. Puede entonces plantearse el Lazo Enganchado en Fase (PLL) como un lazo de control de frecuencia controlado por el error de fase.

Sabemos que la fase es la integral en el tiempo de la frecuencia. También por teoría de control, que la integración de la señal error nos conduce a un sistema con error estático nulo. Si la frecuencia de referencia es constante, la diferencia de frecuencia a la entrada del detector de fase para este sistema es nula.

Desde un punto de vista cualitativo, podemos decir que el error de fase produce la tensión necesaria para que el oscilador funcione a la frecuencia múltiplo N de la de referencia. Si el error de fase aumenta, la componente de continua a la salida del detector también lo hace produciendo un aumento de la frecuencia que induce la disminución del mismo.

Se dice que el lazo está enganchado si se cumple la condición: $F_0 = NF_R$.

Teniendo en cuenta la teoría de control puede verse que integrando el error de fase incluyendo un polo al origen en el Filtro, el error de fase en estado estacionario también será teóricamente nulo.

Ejemplo 2:

Recalcular los puntos del ejemplo N° 1 suponiendo que se agrega un divisor por 1250 en el lazo de realimentación y el filtro tiene función de transferencia F=1. ¿Qué diferencias encuentra con el caso anterior?

a – Calcular la tensión de entrada al **VCO**. $V_{VCO} = F_0\text{-}F_L/K_V = 2,5V$ *No hay diferencia.*

b – Calcular el error de fase correspondiente. $\Phi_R - \Phi_0 = 2,5rad$ *La fase corresponde a una frecuencia de 0,1MHz y no de 125 MHz. El detector de fase compara frecuencias de 0,1MHz y no a 125MHz* c – Calcular el rango mínimo de frecuencia del **VCO** compatible con el detector de fase.

$$F_{MAX} = K_V * V_{DMAX} + F_L = K_V * K_D * (\Phi_R - \Phi_0)_{MAX} + F_L = 162,28\,MHz$$
$$F_{min} = K_V * V_{Dmin} + F_L = K_V * K_D * (\Phi_R - \Phi_0)_{min} + F_L = 37,17\,MHz$$

El Oscilador trabaja de idéntica manera que en el ejemplo 1.

Aplicaciones

Existen numerosas aplicaciones de este dispositivo en la electrónica de las comunicaciones, entre las que cabe destacar:

Sintetizadores de frecuencia:

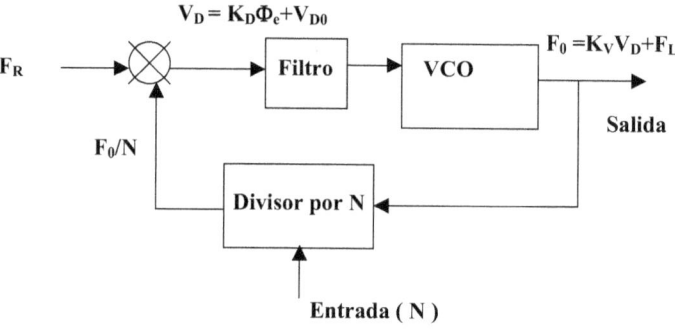

Figura 3

Se puede obtener un rango de frecuencias programable por pasos de gran estabilidad a partir de un único oscilador que lo sea. Simplemente se usa una F_R igual al paso del sintetizador y se usa un divisor programable entre $N_{min} = F_{min}/F_R$ y $N_{max} = F_{max}/F_R$. Estos son los llamados Lazos de paso entero. Existen también los llamados de paso fraccional, en los que el paso es igual a una fracción de la frecuencia de referencia, como veremos más adelante.

Discriminador de Frecuencia Modulada y de Fase Modulada.

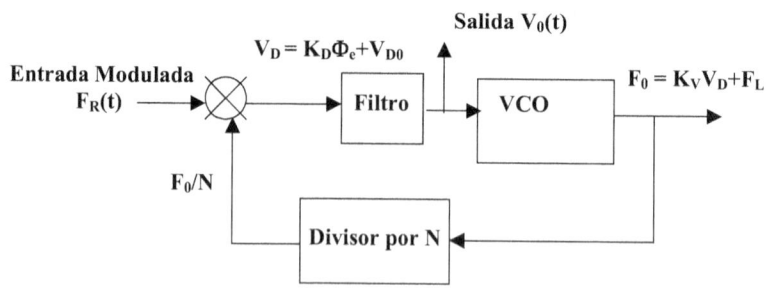

Figura 4

Si la frecuencia de referencia está modulada en frecuencia , para seguirla, el sistema producirá una tensión en la entrada del **VCO** proporcional a la modulante de la señal de entrada. Usando esta tensión como salida del sistema obtenemos el discriminador deseado. Lo mismo puede hacerse para señales moduladas en fase. Debe tenerse en cuenta en este caso que la fase es la integral de la frecuencia.

Para que esto suceda debe ocurrir que la banda de paso del sistema incluya la banda de frecuencias de la señal modulante, de no ser así, la frecuencia de salida será simplemente la de portadora.

Modulador de Frecuencia

Sumando una señal de tensión al sistema que esté fuera de la banda de respuesta del lazo, ésta aparecerá a la salida del filtro, produciendo la modulación en frecuencia del **VCO**.

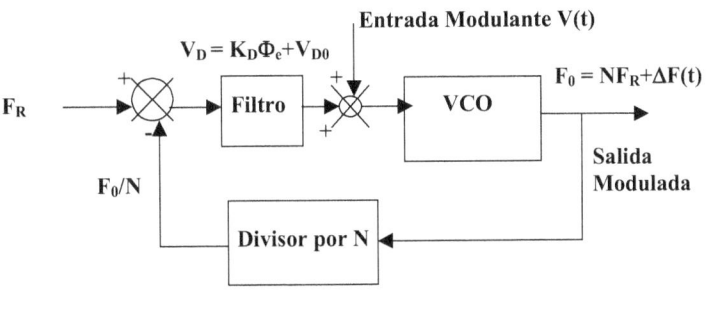

Figura 5

Si la banda de frecuencias de paso incluye a la banda de frecuencias de la señal modulante, a la salida del filtro aparecerá la señal modulante desfasada en 180° (contrafase) con lo que se anularía la suma de ambas señales y la salida del sistema sería la frecuencia portadora.

Rastreador de señal.

La recepción de ciertas señales (radio faros satelitales por ejemplo) es dificultosa debido a que por distintas causas (efecto Doppler, por ejemplo), su frecuencia portadora no es estable en el tiempo. El ancho de banda de esta señal puede ser tan reducido como 10Hz . La velocidad relativa del satélite respecto de la antena situada en tierra cambia lentamente a lo largo de la órbita, acercándose a máxima velocidad cuando aparece sobre el horizonte, pasando por cero en el cenit y alejándose también a máxima velocidad relativa en el momento de ocultarse nuevamente tras el horizonte.

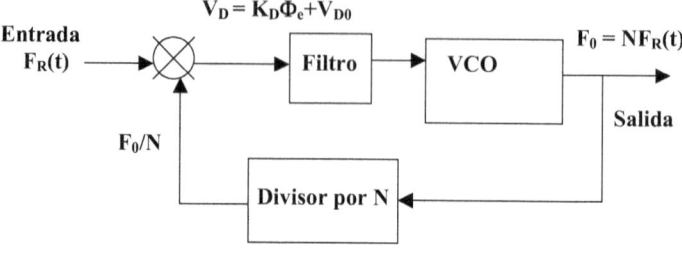

Figura 6

De hacer un sistema que permita pasar toda la banda incluyendo las fluctuaciones de portadora, se deteriora enormemente la relación señal ruido del receptor. Esto puede verse a partir del hecho de que la señal tiene un ancho de banda pequeño y el ruido es proporcional al ancho de banda del receptor.

Si inyectamos esta señal en el PLL, éste puede seguirla y podemos ajustar el ancho de banda estrictamente al de la banda de señal. La velocidad relativa de un satélite respecto de una antena terrestre de recepción puede rondar los +/- 3km/s, lo que implica un corrimiento relativo de frecuencia de 10^{-5}, si estamos recibiendo en 1GHz significaría un corrimiento de 10kHz. De no utilizar un Lazo Enganchado en Fase tendríamos un empobrecimiento de la relación señal/ruido de 60dB, realmente inaceptable para cualquier sistema.

Control de velocidad

Podemos reemplazar en el lazo al VCO por un sistema mecánico que incluya un motor controlado por un amplificador de potencia, un mecanismo de reducción de velocidad y un codificador angular. La salida del codificador angular es una señal de una cantidad fija de pulsos por cada giro del eje. Esto significa que a cada velocidad del motor le corresponde una frecuencia definida de salida del codificador.

Si tomamos como salida del sistema los pulsos entregados por el codificador y controlamos con el Lazo la frecuencia de salida habremos obtenido un control de velocidad de lazo cerrado tal como se usa en algunos sistemas mecánicos de precisión. Ilustramos el esquema básico en la figura que sigue.

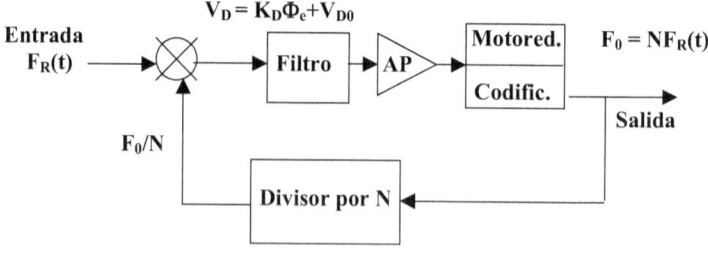

Figura 7

CAPÍTULO 2

COMPONENTES DEL SISTEMA

Describimos en este capítulo los distintos elementos que se utilizan como bloques constitutivos del sistema, incorporando información respecto de las diferentes tecnologías con que se realizan, los modelos matemáticos que los pueden representar y las principales limitaciones de estos modelos y de las tecnologías mismas.

Señal de Referencia

La frecuencia de referencia suele ser un oscilador a cristal, con lo que podemos construir un sintetizador de frecuencias con la estabilidad dada por el mismo, o una señal modulada en frecuencia o fase, con lo que podríamos obtener un discriminador, o ser una frecuencia variable en el tiempo que deseamos rastrear. Pueden también con este modelo, construirse moduladores de frecuencia y otros dispositivos de amplia aplicación en el campo de la electrónica en general. Es normal incluir un divisor entre el oscilador a cristal y la entrada del detector de fase para darle mayor flexibilidad al sistema.

Detector de fase

El elemento que produce la señal diferencia de fase es el elemento más crítico del sistema y siempre se aleja mucho del modelo matemático que usamos para la descripción lineal del sistema.

Un detector de fase ideal daría a la salida una tensión de continua pura, lo que nos permitiría realizar un PLL sin filtro. En la práctica, tal detector de fase no existe.

Existen dos tipos básicos de detectores, los digitales (90% de los casos) y analógicos que son usados en las frecuencias más elevadas. Estos últimos son mezcladores, es decir, producen como resultado una combinación lineal de las sumas y diferencias de frecuencias de entrada. Ambos producen una gran variedad de señales no deseadas (ruido) especialmente de la F_R y sus armónicos.

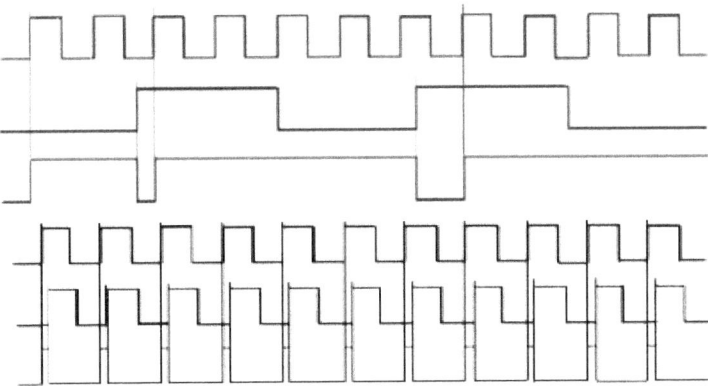

Figura 8 Salida del detector fase-frecuencia a: con diferencia de frecuencia

b: con diferencia de fase positiva

Los detectores de fase digitales funcionan modulando por ancho de pulso la diferencia de fase sobre una señal de la frecuencia de referencia. En éstos existe, aún con señal error nula, una componente de F_R debida al tiempo de transición de los componentes de salida del mismo. Es también el elemento que mayores dificultades presenta para funcionar a frecuencias elevadas. Su función de transferencia será: K_D en voltios sobre radián. Dentro del conjunto de detectores digitales tiene relevancia el tipo llamado de fase frecuencia cuya ganancia es $K_D = (V^+ - V^-)/4\pi$

Estos detectores producen un ancho de pulso proporcional a la diferencia de fase cuando ambas entradas son de la misma frecuencia (es decir, cuando el lazo está enganchado) y proporcional a la diferencia de frecuencias si ambas son diferentes, de allí su nombre. El sentido del pulso responde al adelanto o retraso de la fase de la señal (-) comparada respecto de la referencia (+).

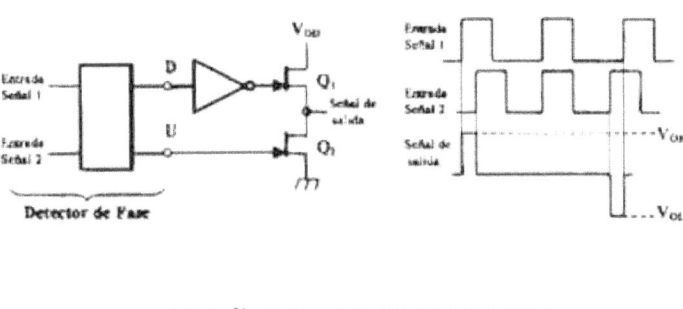

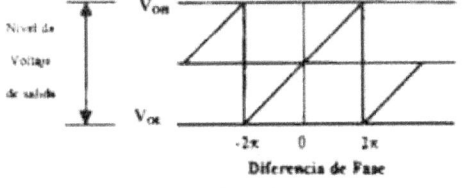

Figura 9

El tiempo restante la salida queda en alta impedancia. Cabe resaltar que, además de las componentes de frecuencia de referencia y sus armónicas, todo detector de fase presenta un comportamiento lineal sólo en un rango de fase limitado por su forma de implementación (+/- 2π en este caso).

En el caso de implementar el detector de fase con biestables tipo D se pueden representar según la figura 10.

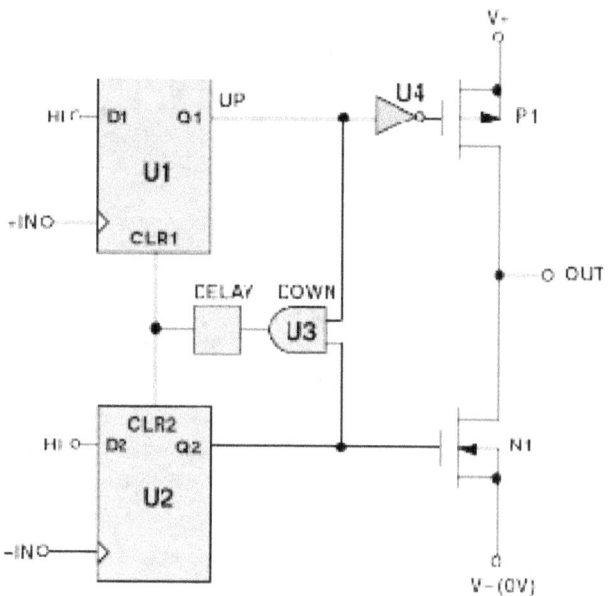

Figura 10 Detector tipo fase frecuencia implementado con biestables tipo D.

El objetivo del retardo en la línea de reset de ambos biestables es evitar la aparición de subarmónicas de la F_R en el lazo.

Otro tipo de detector de fase digital, quizás el más usado, es el llamado bomba de carga (charge pump). Éstos tienen una salida de corriente constante. La corriente es saliente si la diferencia de fase es positiva y entrante en caso contrario. Dicha corriente circula durante una fracción del período de referencia proporcional a la diferencia de fase. Durante el tiempo restante permanece en alta impedancia. De esta manera, el detector de fase entrega durante cada ciclo de la F_R una carga que es proporcional a la diferencia de fase. Tienen el mismo comportamiento lógico que los de fase frecuencia.

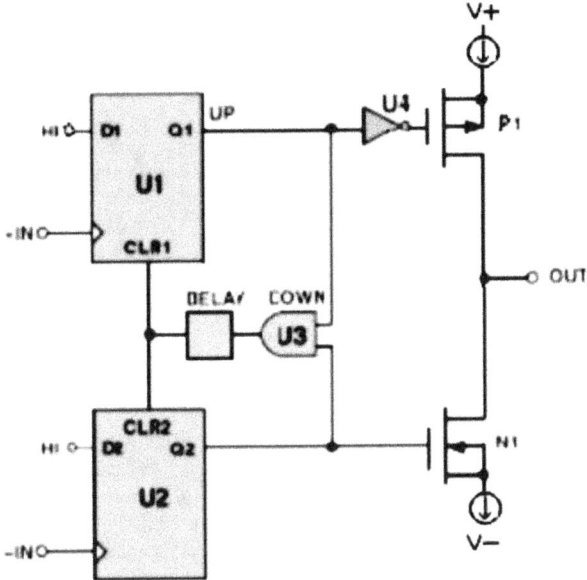

Figura 11 Detector bomba de carga

Colocando un capacitor a la salida del detector, tendremos sobre el mismo una tensión proporcional a la integral de la diferencia de fase. Recordemos que la tensión sobre un condensador es proporcional a la integral en el tiempo de la corriente.

La variación de tensión en cada ciclo puede calcularse como:

$$\Delta V_0 = I_0 . t_{on} / C$$

$$V_c = \frac{1}{C} \int_0^t I(t)dt = \frac{F_R I_0}{2\pi C} \sum_0^k \Delta\Theta_i$$

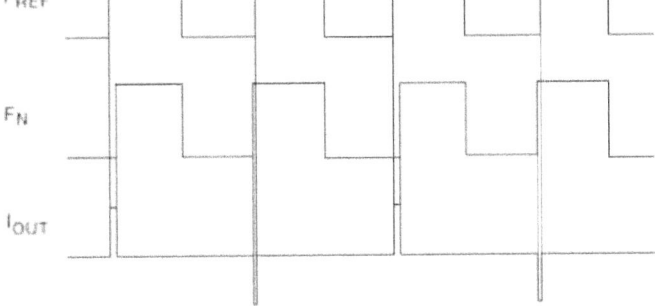

Figura 12 Salida de un detector tipo bomba de carga .

Esta configuración implica que agregamos un polo al origen de la función de transferencia de lazo abierto lo que puede verse en la fórmula anterior a partir de considerar que, para mantener estable la frecuencia de salida debe serlo la tensión sobre el capacitor, para que esto suceda el error de fase en cada ciclo debe ser cero. Se puede demostrar que si se utiliza directamente este solo capacitor como filtro, el sistema tiene amortiguamiento cero, lo que hace impráctico su uso sin modificaciones.

Al reemplazar una integral continua por una sumatoria discreta estamos introduciendo un error en nuestro análisis que en algunos casos puede ser necesario evaluar, aunque esta simplificación es válida casi siempre.

Este tipo de detectores tiende a ser el más usado en la actualidad ya que permite configurar un filtro integrador con sólo tres componentes externos si el rango de tensión de salida es compatible con las tensiones necesarias a la entrada del Oscilador Controlado por Tensión.

Limitación en frecuencia de los detectores digitales

Para comprender las dificultades de realizar comparadores de fase digitales de frecuencias elevadas analizaremos un detector tipo **XOR**. Este caso es sólo a modo de ejemplo sencillo ya que esta misma dificultad se extiende a todos los detectores digitales agravada por el incremento de complejidad para los otros casos.

Supongamos que queremos trabajar con el detector de fase hasta una frecuencia de digamos 100 Mhz. Esto implica que el período de la F_R sería de 10 ns. Para que el detector de fase funcione correctamente deberíamos poder reconstruir un pulso de salida de aproximadamente una centésima del período. (lo que implicaría tener una resolución de fase de un uno por ciento). Esto no obligaría a tener pulsos de un ancho de salida de 100 ps.

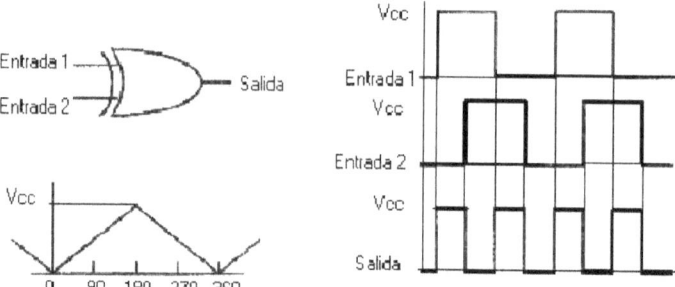

Figura 13

Para poder reconstruir un pulso de 100 ps de ancho necesitamos una respuesta en frecuencia de salida de unas diez veces la inversa del ancho (esto se desprende del análisis de Fourier del pulso) lo que nos lleva a un ancho de banda de la etapa de salida de 100 GHz.. Sintéticamente podemos decir que la respuesta en frecuencia necesaria del detector de fase es de unas mil veces la frecuenca de trabajo. El análisis de la figura nos muestra también por qué existe siempre, en los detectores de fase digitales, una componente importante de la F_R .

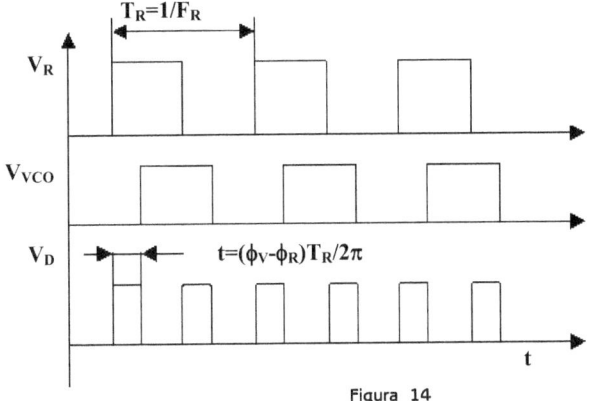

Figura 14

Para tener una idea de magnitudes y comportamiento de componentes concretos, presentamos la simulación del comportamiento de una compuerta XOR 74LS86 ante una señal de referencia de 40 MHz con un desfasaje temporal de 2ns que corresponde a $2*2\pi/25 = 0,502$ radianes (28° 48`), un ángulo que no puede considerarse pequeño.

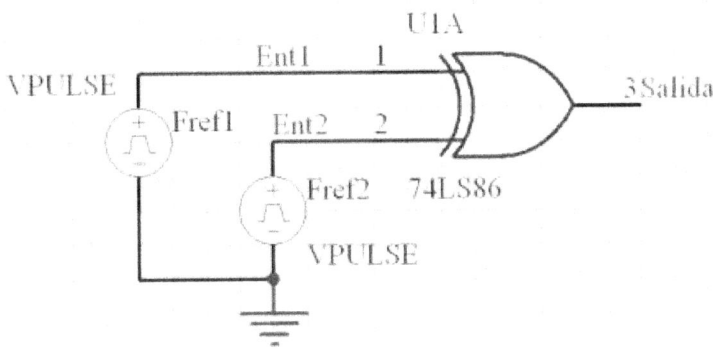

Figura 15

Circuito usado para la simulación del detector de fase XOR a 40MHz.

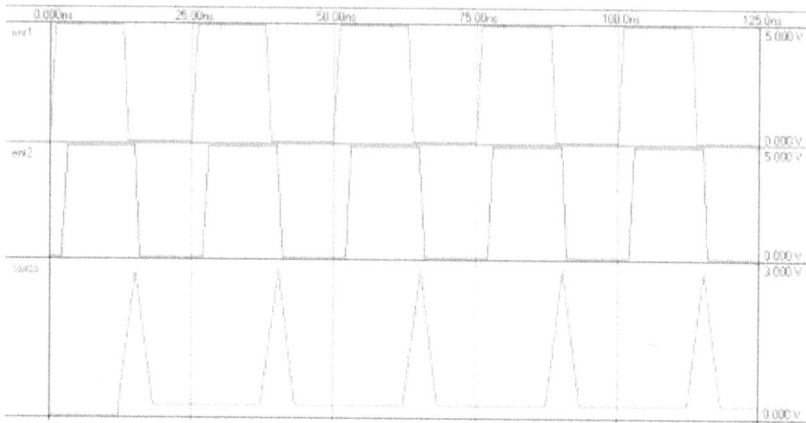

Figura 16

Resultado de la simulación de la compuerta XOR a 40MHz

Resulta evidente en este caso que el detector no es adecuado para esta frecuencia ya que correspondería ver a la salida dos pulso cuadrados de 2ns de ancho y cinco voltios de amplitud donde encontramos un pulso triangular de 3V de amplitud con un retardo de aproximadamente 12 ns y la desaparición del pulso correspondiente a la diferencia en los flancos descendientes de ambas señales.

Filtro

El filtro tiene una doble función, en primer lugar permite definir el comportamiento dinámico del sistema para adaptarlo a nuestras necesidades, y en segundo lugar es indispensable para reducir el nivel de ruido inevitablemente producido por el detector de fase, esto implica una respuesta pasabajos. Si el filtro no es integrador, entonces el error de fase del sistema será proporcional a la desviación de frecuencia respecto de F_L . Esto se debe a que la tensión que necesita el **VCO** para cada frecuencia es proporcional a la misma. En el caso que el filtro incluya un polo al origen, el error estacionario en fase también será teóricamente nulo.

Expresamos su función de transferencia usando la transformada de Laplace como **F(s).** Podemos considerar el ejemplo del detector de fase XOR planteado en el párrafo anterior. Si no incluimos el filtro, la frecuencia de salida fluctuaría entre dos valores, correspondientes a los estados alto y bajo del detector, pero no estaría nunca en la frecuencia deseada.

En el filtro también suele incluirse una amplificación y/o adaptación de nivel para ajustar el rango de salida del detector de fase al rango necesario de tensiones en la entrada del **VCO** para cubrir la banda de frecuencias de trabajo.

Ejemplo N°3. Calcular en el siguiente caso:

a - Componente de la frecuencia fundamental a la salida del detector de fase.
b - Amplitud pico a pico de la señal a la entrada del VCO para los dos valores de RC propuestos.

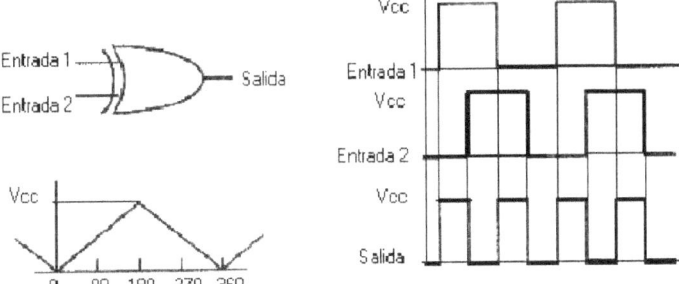

Figura 17

Frecuencia de Referencia 100kHz
Detector de fase tipo XOR con Vcc = 5V
Sin divisor

VCO

F(0)=50kHz; F(5)=150kHz
Filtro RC simple
a- R=10K, C=0,01 uF (T_a=100us)
b- R=10K, C=0,001uF (T_b=10us).

En condición de régimen: F_0=100kHz y V_D=2,5V. D=T_{on}/T=0,5

T=1/2F_R=5us. ϖ_0=4πF_R=4$\pi*10^5$ (de la figura podemos ver que F_{RD}=2F_R=200kHz)

$$a_1 = \frac{2}{T} \int_0^T f(t)\cos(\varpi_0 t)dt = \frac{2*V_{CC}}{\pi} = 3,18V$$

(Ver ej. 1, Capítulo 15, Análisis de Redes, Van Valkenburg)

La amplitud pico a pico en la entrada del filtro es el doble de este valor (V_{FRD}=6,36Vpp) y resulta atenuada en 6dB por octava o 20 dB por década. A la f_{ca}=1/2πRC=1592Hz corresponde una atenuación de 125,6 veces con lo que la amplitud a la entrada del Oscilador sería de 50,6 mVpp.

Análogamente para el caso b tendríamos 506 mVpp, (más del 20% de la tensión de contínua).

Vemos en la figura el circuito editado en Protel 99SE que utilizamos para simular ambos casos (C1 cambia de valor en la segunda simulación).

El comparador de fase del lazo es tipo XOR y está señalado como PCOMP en el esquemático. La entrada del comparador de fase está directamente conectada con la salida del oscilador de onda cuadrada mientras que VIN es la entrada de control del mismo.

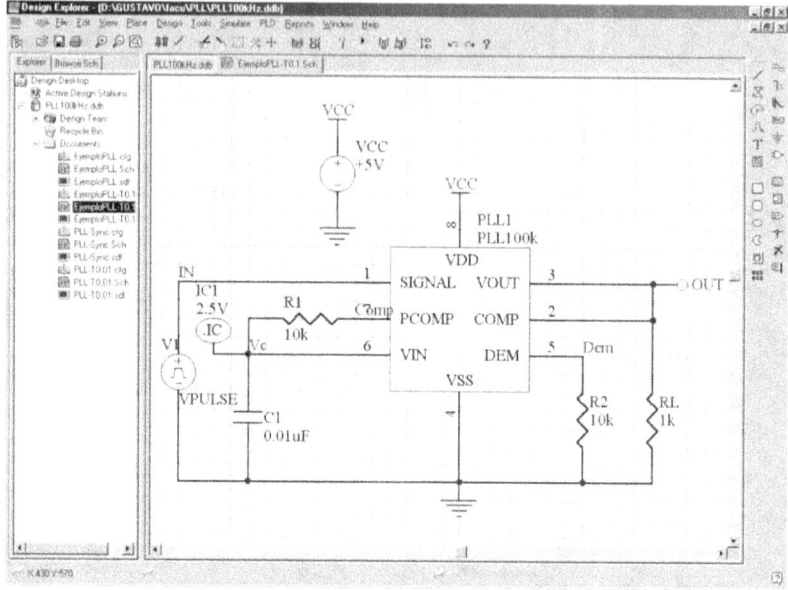

Figura 18 – Esquemático de simulación

Observamos en primer lugar el comportamiento dinámico del sistema ante una diferencia de fase inicial de 180°

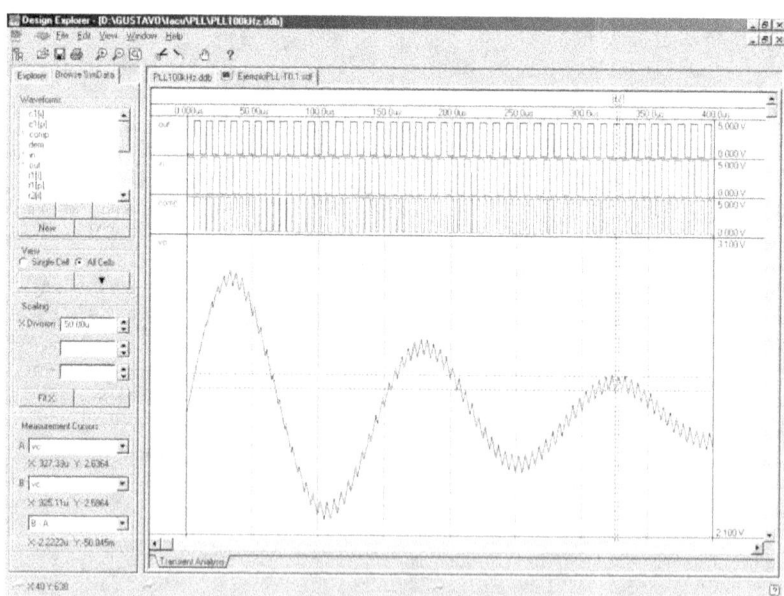

Figura 19 Simulación del transitorio con una diferencia de fase inicial de 180°.

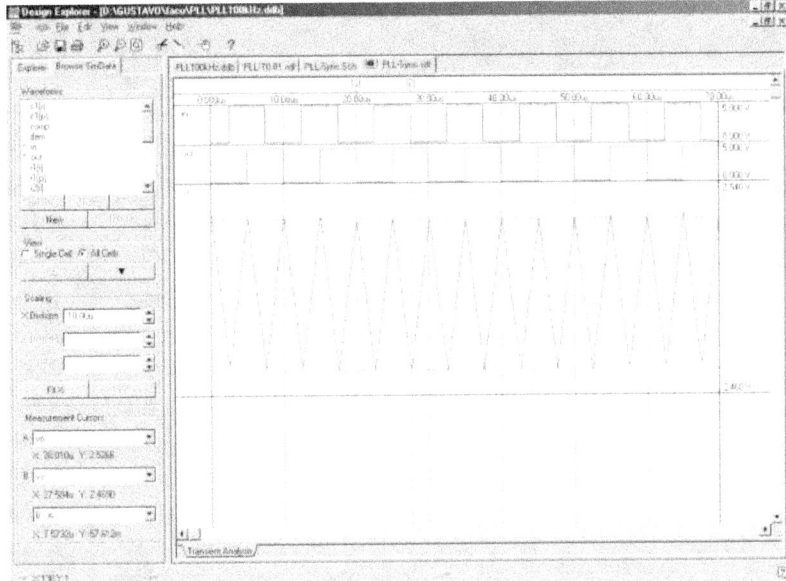

Figura 20 Señal a la salida del filtro en estado estacionario R=10k, C=0,01uF T=0,1ms

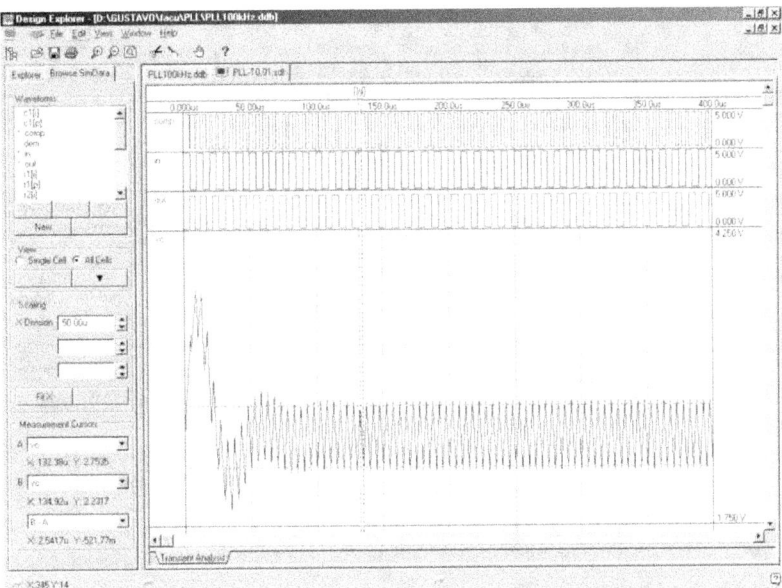

Figura 21 Simulación del transitorio 2 con una diferencia de fase inicial de 180°.

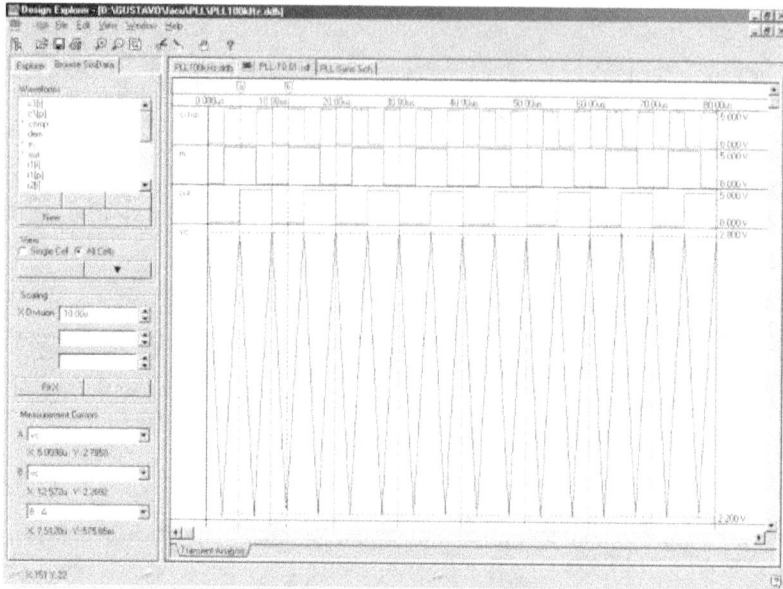

Figura 22 Simulación del estado estacionario R=10k C=0,001uF T=0,01 ms

Puede apreciarse en estas simulaciones la relación de compromiso entre ruido a la frecuencia de referencia y rapidez de enganche. La diferencia que se observa entre el valor calculado y el medido en la simulación tiene que ver con que en la simulación caso vemos la resultante de todos los armónicos de la F_R.

Oscilador controlado por tensión (VCO).

El Oscilador Controlado por Tensión **VCO** (la sigla de Voltage Controlled Oscilator) es un oscilador cuya frecuencia es proporcional a la tensión de entrada. Como todo elemento físico, tiene un rango de funcionamiento que debe ser acorde al rango de trabajo deseado. Su función de transferencia es **K_V/s** en radianes sobre segundo sobre voltio La división por **s** (variable de Laplace) contempla el hecho de que la fase es la integración de la frecuencia.

En realidad la relación entre tensión y frecuencia no es lineal y se realiza experimentalmente la curva tensión frecuencia buscando la aproximación lineal más próxima dentro del rango de interés.

La forma de onda de salida puede ser sinusoidal o cuadrada según sea necesario. Lo importante es que el nivel sea compatible con la entrada del divisor.

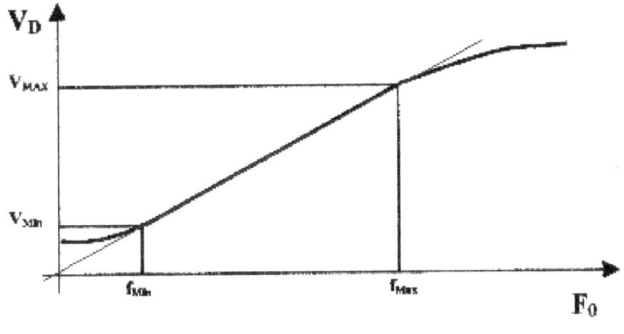

Figura 23

Una característica que suele ser crítica en la aplicación de estos dispositivos para integrar un lazo PLL es su nivel de ruido de fase o "jitter".

Podemos clasificar a los osciladores controlados por tensión en dos tipos básicos:

- Analógicos, normalmente basados en circuitos LC donde el capacitor es variable por tensión (varicap). La curva de frecuencia tensión es no lineal debido a la característica tensión capacidad del diodo y a la relación cuadrática de capacidad a frecuencia. Son los más usados en frecuencias elevadas.

- Digitales, normalmente multivibradores astables que comparan la tensión de entrada con una rampa de carga de un capacitor con corriente constante. Tal es el caso del integrado 74LS268 con salida compatible TTL.

La configuración más usada en osciladores analógicos es el circuito de Colpitts. Las reflexiones de potencia en la carga por desadaptación a distintas frecuencias pueden producir fluctuaciones en la capacidad base colector del transistor introduciendo ruido de fase en el lazo.

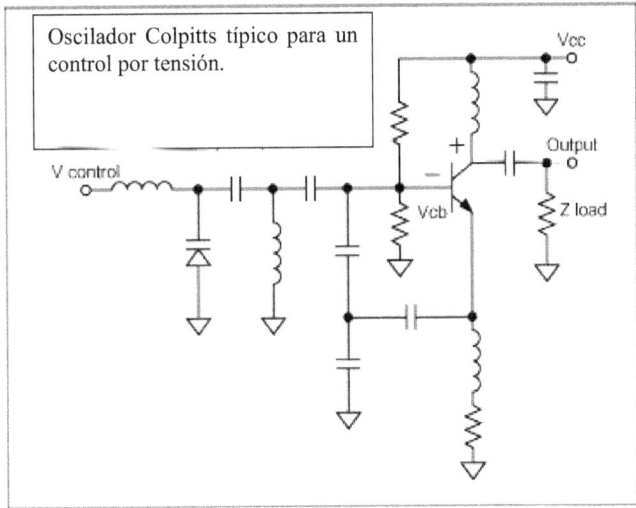

Figura 24

A continuación presentamos una modificación del mismo que disminuye tales efectos y minimiza el número de componentes.

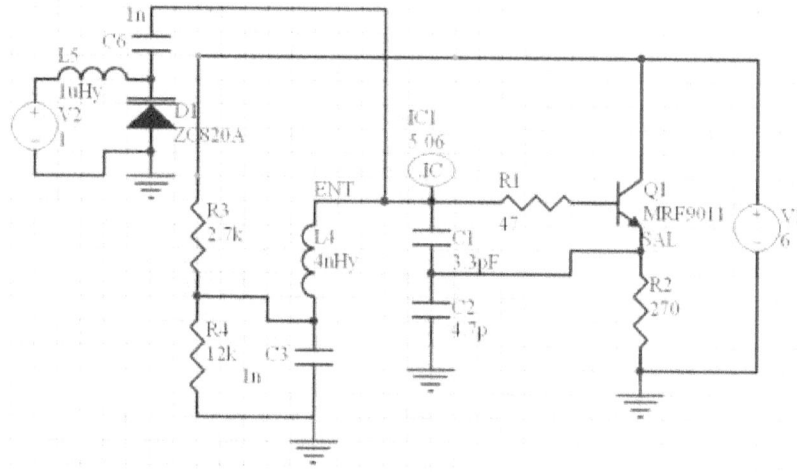

Fig. 25

Hemos realizado la simulación correspondiente para tensiones de control de 0 a 10V.

Esta figura muestra el comportamiento temporal del circuito simulado para las tensiones de control V2 de 1 a 10V. Tomando las mediciones de período y amplitud confeccionamos la siguiente tabla de frecuencias, ganancia y amplitudes correspondientes a las tensiones de 0V a 10V.

Tensión (V)	Frec. (MHZ)	Kv (MHZ/V)	Ampl. (Vpp)
0	453,2		
1	590,45	137,25	1,744
2	643,1	52,65	1,452
3	684,6	41,5	1,305
4	717,5	32,9	1,183
5	741	23,5	1,046
6	763,1	22,1	0,978
7	781,6	18,5	0,96
8	796,8	15,2	0,902
9	809,1	12,3	0,842
10	823,9	14,8	0,839

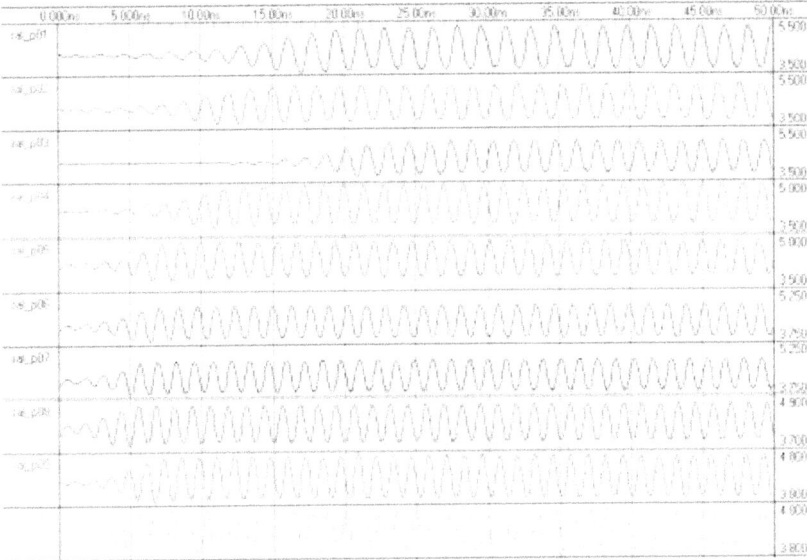

Figura 26 Simulación VCO para tensiones de 0 a 10V

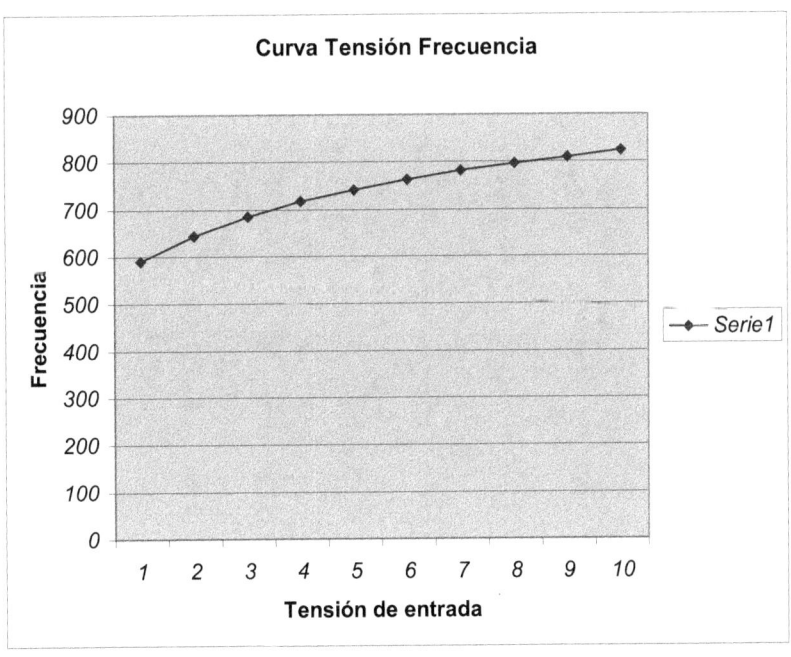

Figura 27

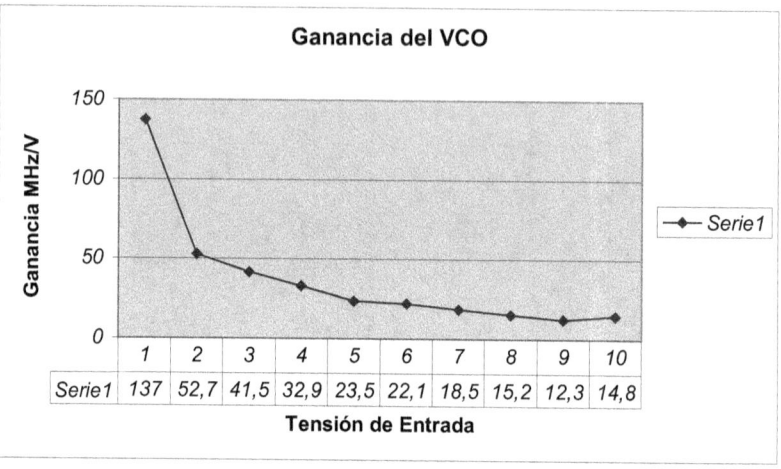

Figura 28

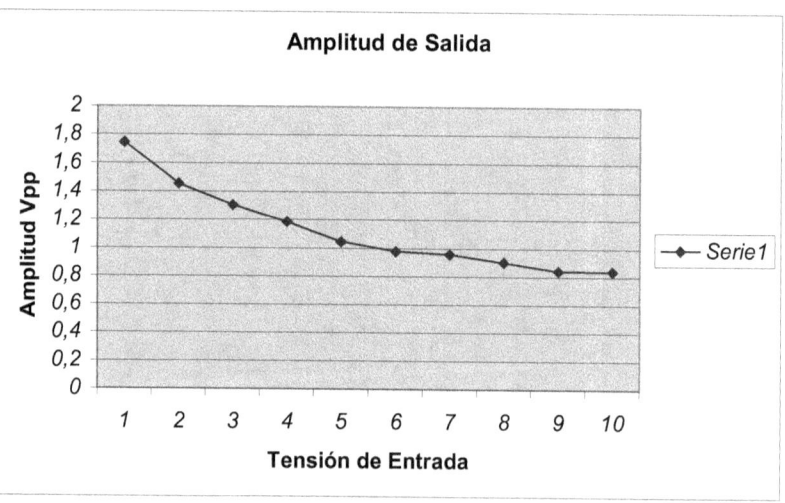

Figura 29

Mostramos en la figura siguiente el esquema básico de un transceptor para aplicaciones WAN y el Oscilador propuesto en la nota de aplicación APN1010 de Skyworks

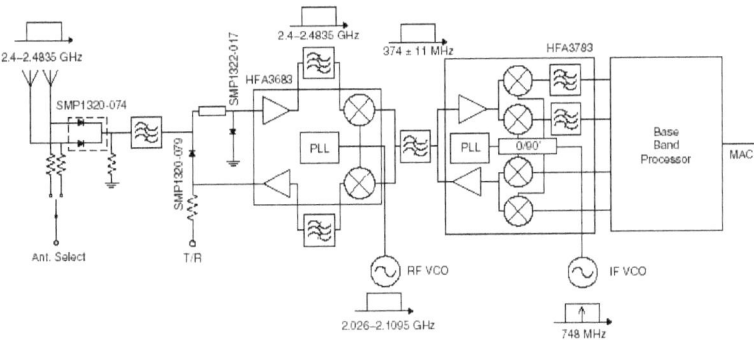

Figura 30

La nota de aplicación presenta el diseño de los dos osciladores con el circuito esquemático que se muestra a continuación. Este circuito tiene una etapa osciladora propiamente dicha, un separador y un doblador de frecuencia.

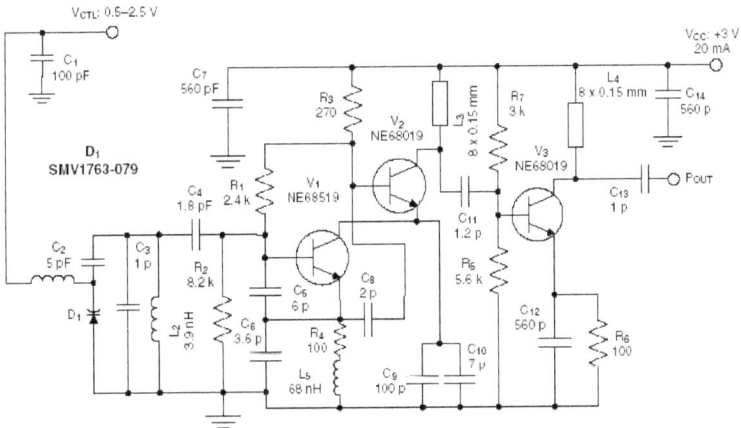

Figura 31   VCO para WLAN de SKYWORKS

El modelo del Diodo D1 utilizado para las simulaciones del circuito es:

$$C_V = \frac{C_{JO}}{\left(1 + \dfrac{V_R}{V_J}\right)^M} + C_P$$

Donde:

V_R = Tensión de control
CJO (pF)=7,6
VJ (V)=120
CP (pF)=1,6
M=90

Veamos también las curvas de Tensión/Frecuencia y potencia de salida para el rango de interés según simulaciones y mediciones sobre el circuito propuesto.

Podemos observar que los resultados de la simulación coinciden fuertemente con las mediciones realizadas sobre el prototipo que se implementó para este caso, especialmente en lo que se refiere a la curva de tensión frecuencia. Las mediciones de potencia resultan visiblemente inferiores debido principalmente a que se omitieron las pérdidas dieléctricas del circuito impreso utilizado.

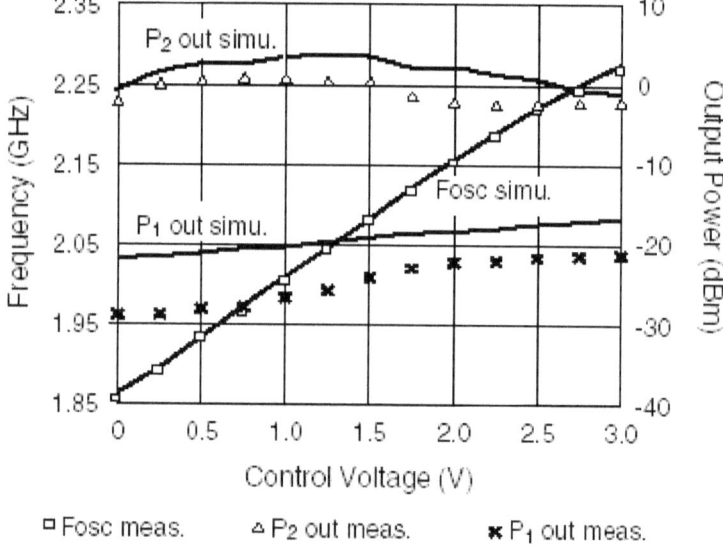

Figura 32

De este caso podemos concluir que las herramientas de diseño disponibles en la actualidad nos permiten aproximar notablemente los resultados experimentales con las simulaciones previas.

Mostramos en la figura siguiente las especificaciones del comportamiento del Oscilador Controlado por Tensión Digital 74LS268 para tomar alguna referencia de componentes digitales

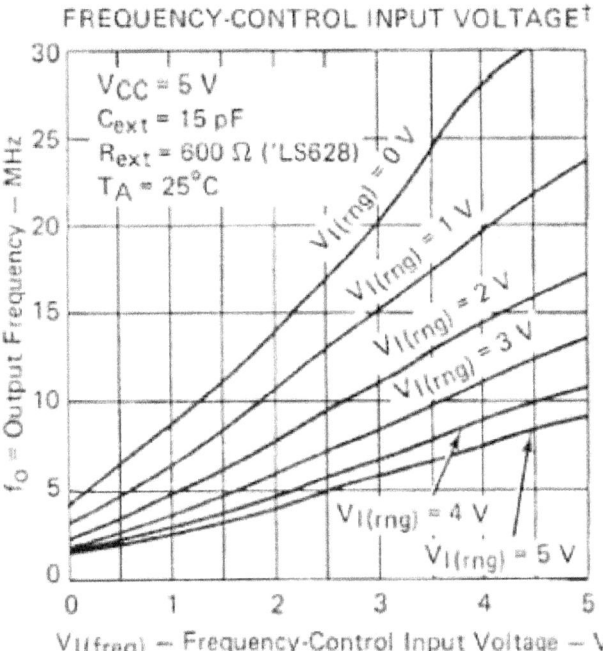

Fig 33 Curvas V/F del 74LS628

Incorporamos en la tabla siguiente la hoja de datos de un VCO de Minicircuits

JTOS-1025

Tuning Characteristics MHz/V		Power Output dBm			Harmonics Suppression dBc		
V-Tune	Frequency (MHz)	Tuning Sensitivity	-55°C	+25°C	+85°C	F2	F3	F4
1.0	625.30	77.10	6.66	6.22	4.82	-23.40	-35.60	-30.60
2.0	673.60	48.30	8.22	7.67	6.75	-25.70	-35.70	-37.10
3.0	708.60	35.00	8.85	8.66	7.99	-25.60	-42.60	-42.50
4.0	738.60	29.90	8.36	8.21	8.04	-23.60	-41.90	-48.90
5.0	765.30	26.80	8.06	7.83	7.50	-21.00	-35.00	-42.60
6.0	791.20	25.90	8.10	7.97	7.40	-22.50	-33.20	-43.50
7.0	822.20	31.00	8.31	7.94	7.57	-27.40	-34.60	-43.60
8.0	853.60	31.40	8.59	8.40	7.83	-28.60	-35.10	-43.70
9.0	882.60	29.00	9.06	9.10	8.69	-28.60	-37.30	-45.80
10.0	913.60	31.00	8.88	8.83	8.69	-29.00	-41.50	-48.40
11.0	947.70	34.10	8.98	8.90	8.75	-29.50	-46.50	-48.70
12.0	978.90	30.50	9.15	9.29	8.94	-30.30	-47.10	-46.80
13.0	1005.50	27.30	9.49	9.44	9.04	-32.20	-45.70	-46.20
14.0	1029.70	24.20	10.16	9.95	9.51	-34.60	-45.70	-45.60
15.0	1051.00	21.30	10.30	9.89	9.91	-38.50	-47.70	-44.70
16.0	1069.70	18.70	9.69	10.17	9.98	-42.40	-49.70	-45.20

Figura 34, Especificaciones de un VCO

Existe gran variedad de herramientas de cálculo, diseño y simulación que pueden utilizarse para evaluar opciones, presentamos el circuito y los resultados de un diseño utilizando el Software de EagleWare para un Lazo Enganchado en Fase de 400 MHz con un Oscilador de muy bajo ruido de fase.

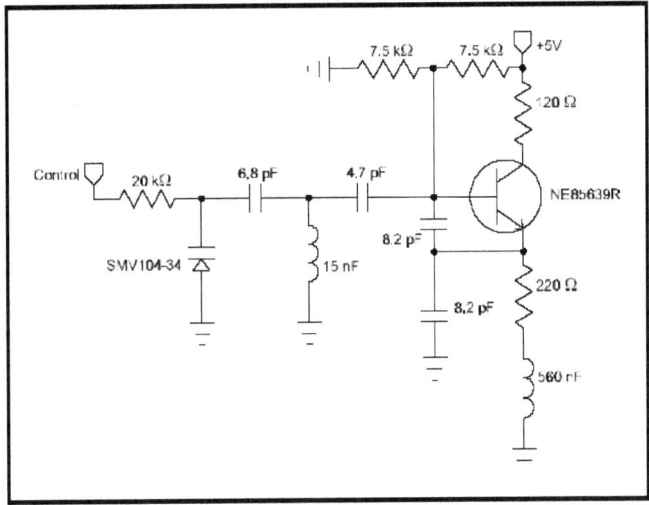

Figura 35 Oscilador presentado en PN12 de EagleWare

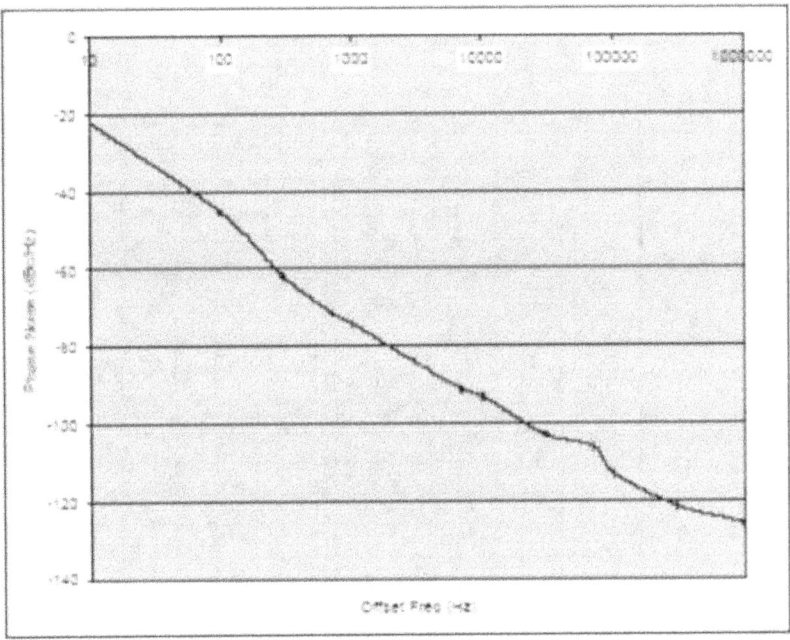

Figura 36 Ruido de fase medido en PN12 de EagleWare

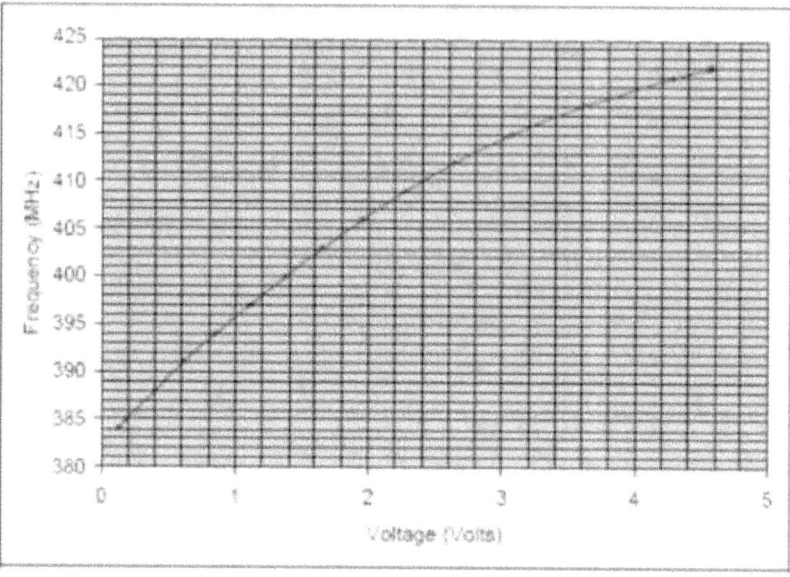

Figura 37 Frecuencia de VCO en PN12 de EagleWare

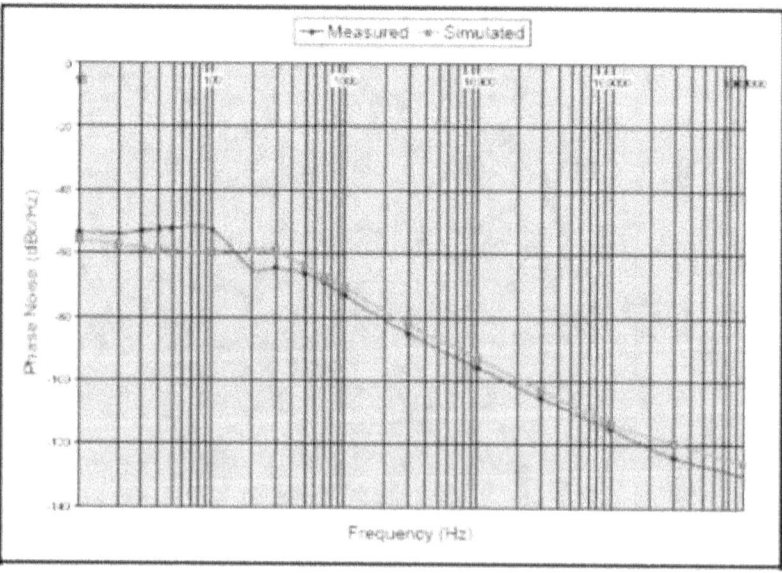

Figura 38 Ruido total de fase en PN12 de EagleWare

Otra característica que debemos tener en cuenta para la implementación de un Lazo Enganchado en Fase es la compatibilidad de niveles entre la salida del Oscilador y el divisor o detector de fase. Suelen utilizarse adaptadores de impedancia activos para separar la salida del sistema y la señal de realimentación.

Divisor

El divisor suele ser programable y estar compuesto de un divisor fijo (preescaler) en cascada con el divisor programable propiamente dicho dado que la implementación de divisores programables de alta frecuencia también resulta dificultosa tecnológicamente. Su función de transferencia es simplemente **1/N.**

Existe una gran variedad de opciones lógicas para obtener la frecuencia deseada a partir de la frecuencia de referencia. Los requerimientos de ruido, la simplicidad del diseño y las limitaciones tecnológicas deben conjugarse para implementar la solución más adecuada. Se suele incluir también un divisor entre la frecuencia de referencia y el detector de fase.

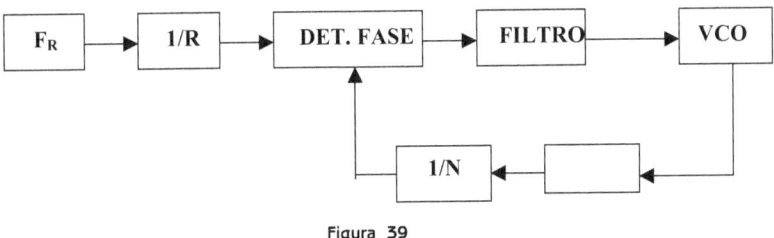

Figura 39

De esta manera la frecuencia de salida del **VCO** será: $$F_V = \frac{N \times P}{R} \times F_R$$

Divisor cola de golondrina o de módulo doble.

El hecho de que el prescaler sea de módulo fijo (divisor por una única cantidad) le quita flexibilidad a la hora de programar las frecuencias de salida. Esto se debe a que el mínimo salto de frecuencia (paso) se multiplica por **P**.

Una configuración de divisor muy usada es la llamada "cola de golondrina" (swallow counter) o preescaler de módulo doble, que suele optimizar considerablemente el diseño.

Consiste en usar un prescaler de doble módulo (**P** y **P+1**) encadenado al divisor programable y a un contador de módulo A que determina cuando el preescaler divide por P y cuando lo hace por P+1. De esta manera se consigue obtener una separación de canales de F_R/R.

Esto significa que se puede entrar al comparador de fase con frecuencias más elevadas para una misma separación entre canales, simplificando el diseño al realizar el filtrado de la F_R. Debemos tener en cuenta que siempre existe una solución de compromiso al diseñar el filtro, entre una frecuencia de corte elevada para obtener buena respuesta en el tiempo y una frecuencia de corte baja para atenuar el ruido de F_R

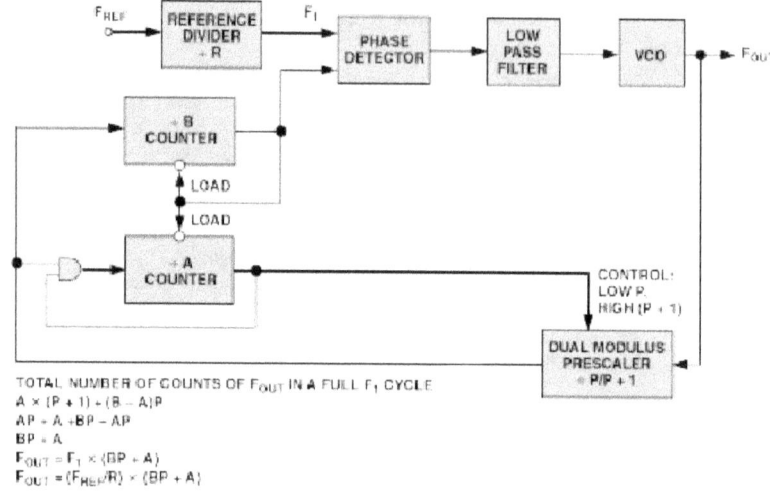

Figura 40. Divisor "Cola de golondrina"

Para que este esquema funcione deben ser válidas las siguientes condiciones:

1 – B debe ser mayor o igual que A.
2 – Los contadores toman estado bajo al completar la cuenta.
3 – El contador B reinicia ambos contadores al completar la cuenta.
4 – Si se desea mantener la contiguidad entre canales debe cumplirse además que B_{min}=P-1, es decir, B debe ser mayor o igual que P-1.

Analizamos el funcionamiento a partir del pulso en que el contador B reinicia los contadores. Durante el siguiente pulso el prescaler divide por P+1 ya que la salida de ambos contadores están en estado alto. Esto seguirá ocurriendo mientras el contador A no haya alcanzado su valor programado. A partir de la cuenta A*(P+1) el prescaler divide por P durante (B-A) cuentas hasta volver al estado inicial. De esta manera, un ciclo completo consta de:

$$N=A(P+1) + (B-A)*P=B*P+A$$

Los valores mínimo y máximo de valores contiguos que se pueden obtener con este esquema son.

$$N_{MAX} = (B_{max} \times P) + A_{max}$$

$$
\begin{aligned}
N_{MIN} &= (B_{min} \times P) + A_{min} \\
&= ((P - 1) \times P) + 0 \\
&= P^2 - P
\end{aligned}
$$

Esta última ecuación impone condiciones al Preescaler para dado un rango de frecuencias a sintetizar.

$P^2- P - Nmin = 0$

De donde: $P \leq \dfrac{1 + \sqrt{1 + 4 * N_{Min}}}{2}$

Contador fraccional

Otro esquema que tiende a ser cada vez más usado es el de divisor fraccional que presentamos en la figura 17. Tiene por objetivo disminuir el ruido de fase proveniente de usar elevados valores de N y al mismo tiempo obtener respuestas en tiempo más rápidas. Recordemos que el ruido de la frecuencia de referencia aparece multiplicado por N a la salida del Oscilador.

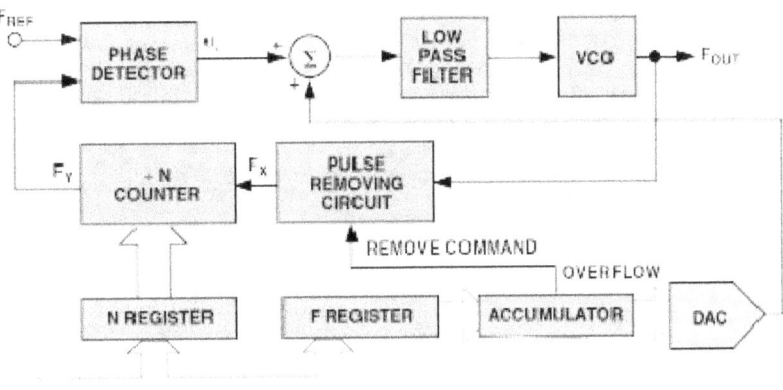

Figura 41

La cantidad de pasos fraccionales entre dos valores sucesivos de N es igual al módulo del registro F (es decir, el valor máximo que puede tomar dicho registro). El acumulador también es de módulo F y recibe los pulsos de F_R sumando el valor S que toma un valor entre 0 y F) en cada uno. Cuando el acumulador excede el valor F envía el comando de remoción de un pulso y deja el resto en el mismo. Este procedimiento introduce una modificación del error de fase que es corregida con la suma de un valor proporcional al valor contenido en el acumulador, de esta manera la frecuencia de salida del sistema resulta:

$$F_{0} = \left(N + \frac{S}{F} \right) \times F_R$$ Esto implica que puede multiplicarse por F la F_R para una misma separación entre canales.

Supongamos por ejemplo que tenemos una frecuencia de referencia de 1MHz y debemos implementar una salida de 100,2MHz. El valor de N debería ser de 100,2 o 200+1/5. Podemos realizar esta división promedio si contabilizamos cinco ciclos de la frecuencia de comparación dividiendo por 100 en cuatro de ellos y por 101 en el quinto, a esta última división podemos implementarla fácilmente suprimiendo un pulso de la entrada del contador al completar el 4° ciclo de comparación. Llamamos ciclo de comparación al período de la frecuencia de referencia y ciclo fraccional a la cantidad de ciclos de comparación utilizados para obtener el promedio, cinco en este ejemplo y F en el caso general. De esta forma, la tensión promedio sobre la entrada del VCO corresponderá a la frecuencia deseada. Si analizamos lo que ocurre a la salida del detector de fase veremos que durante los cuatro primeros ciclos ocurrirá un adelanto de la señal respecto de la referencia correspondiente a un quinto del ciclo de la frecuencia de salida que se compensará en el ciclo siguiente. Esto significa la aparición de una subarmónica de la referencia (llamada espúrea fraccional) que debe ser atenuada si se quiere una mejora efectiva con esta estrategia. Es aquí donde interviene el conversor DA que es alimentado con el contador fraccional, agregando una tensión continua del signo opuesto a la salida del detector de fase que anule la contribución de estos pulsos.

Si deseamos obtener 200,4 MHz, dividiremos por 200 durante tres ciclos de comparación y removeremos un pulso en inicio de los dos siguientes. Esto producirá un efecto similar con una diferencia en el ancho de los pulsos a la salida del comparador de fase, que será exactamente la mitad del caso anterior. Si mantuviéramos constante la ganancia del conversor DA estaríamos sobrecompensando la salida del detector. De esta manera resulta claro que la ganancia del conversor debería ser inversamente proporcional al valor de N que utilizamos o la ganancia del detector de fase directamente proporcional a N.

Mostramos en la figura siguiente como ejemplo el caso de un paso fraccional de 1/8.

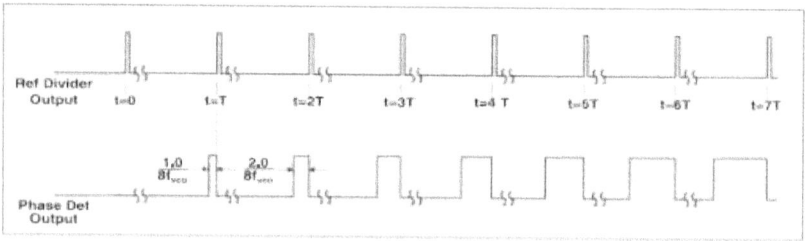

Figura 42

Un punto crítico en la aplicación de esta técnica es la linealidad y precisión del conversor Digital Analógico. Algunas técnicas de compensación incluyen pulsos de amplitud variable y ancho constante. Resulta evidente que la cancelación no es absoluta y se agrega ruido en la frecuencia de referencia. Las implementaciones más avanzadas de esta técnica incluyen conversores DA tipo $\Sigma\Delta$ para minimizar las espúreas fraccionales que inevitablemente se producen. Mostramos un esquema típico de éstas.

Básicamente, la ventaja de este tipo de conversión consiste en que la distribución del ruido introducido se desplaza hacia las frecuencias superiores, que son más simples de filtrar en el lazo.

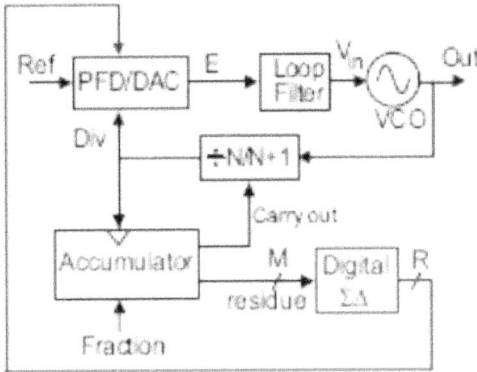

Figura 43 Esquema de un contador fraccional con conversión SigmaDelta

Ejemplo de aplicación en equipo de comunicaciones

Tomamos como ejemplo de aplicación práctica un receptor de GSM de doble conversión. En el sistema GSM900 hay 124 canales (ocho usuarios por canal) de 200kHz de ancho de banda, la banda total ocupada es de 24,8 MHz. El sistema base tiene un rango de transmisión de 925Mhz a 960 MHz y un rango de recepción de 880 a 915 MHZ. Los dos osciladores locales para la doble conversión son producidos a partir de un mismo oscilador a cristal compensado en temperatura para obtener máxima estabilidad. El espacio entre canales adyacentes es de 200 kHz.

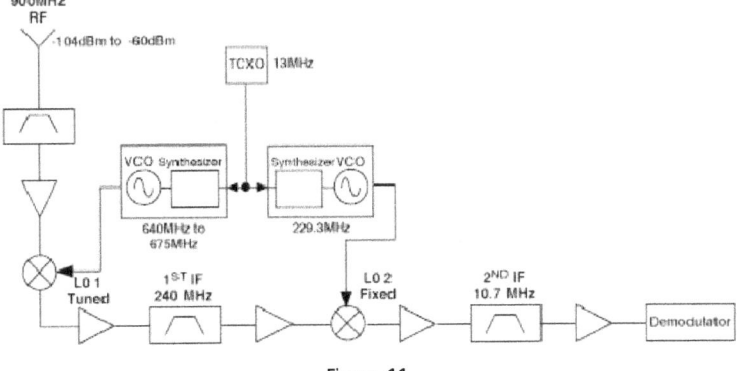

Figura 44

Ejempo N° 4:

Calcular los divisores necesarios para el funcionamiento del receptor. Analizamos primero el caso del divisor fijo para obtener la frecuencia de 229.3 MHz. Como la misma no es múltiplo de 200kHz (separación entre canales) utilizamos el Máximo Común Divisor entre ambas que es 100kHz, con lo que el divisor para el Lazo del segundo Oscilador Local será de $N_2=2293$. Para esto incluimos un divisor por 65 y un divisor por 2 enla salida del oscilador a cristal.

Para el primer Oscilador Local podemos usar una frecuencia de referencia igual a la separación entre canales ya que las frecuencias son múltiplos del paso. Tomaremos como F_{R1} la salida del divisor fijo por 65. Los valores de N_1 nos quedan entonces:

$N_{1Max}=F_{1Max}/F_{R1}=3375$ y $N_{1Min}=F_{1Min}/F_{R1}=3200$.

Seguramente necesitaremos un prescaler de módulo doble para el divisor principal cuyo valor P debe cumplir al condición $N_{1Min}>P^2-P$. El valor máximo de P en este caso será de 57.

Para el segundo Lazo utilizaremos 100kHz como frecuencia de referencia con lo que $N_2=2.293$

CAPÍTULO 3

ANÁLISIS LINEAL DEL SISTEMA

Utilizaremos, teniendo en cuenta que al hacerlo introducimos simplificaciones que no son ciertas, un modelo de análisis lineal del sistema. Las principales diferencias entre el modelo que utilizamos y las realizaciones físicas que intentamos describir son:

1 – Suponemos que la salida del detector de fase es una tensión continua proporcional a la diferencia de fase. Esta suposición tiene dos errores, es válida sólo en un rango restringido de diferencias de fase e ignora las componentes de la frecuencia de comparación, introduciendo ruido en la entrada del oscilador controlado por tensión e introduciendo asimismo un error de cuantización en el eje temporal que no analizaremos.

2 – Suponemos que la curva del oscilador es una recta y que no existe retardo entre la tensión de entrada y la frecuencia de salida. La primera limitación puede contemplarse linealizando por tramos y la segunda normalmente es despreciable dado que es siempre muy inferior a los tiempos implicados por el filtro del sistema.

Además debemos asegurarnos que la implementación física de los elementos no imponga restricciones adicionales tales como:

- Que el rango del Oscilador incluya todas las frecuencias que ocurren en el modelo (a tener en cuenta especialmente en el caso de sobreimpulso);
- Que el error de fase máximo no supere el rango del detector de fase
- que las tensiones del filtro no saturen los componentes activos tales como Amplificadores Operacionales.
- Que el nivel de salida del Oscilador sea compatible con la entrada del prescaler
- Que se respeten los rangos de frecuencia especificados para los divisores.

En síntesis, todo tratamiento matemático de un proceso físico es una simplificación válida sólo si toleramos cierto nivel de error y dentro de un rango que debemos conocer para poder aplicarlo.

Según sabemos de teoría de control, en un sistema realimentado la función de transferencia de lazo cerrado puede escribirse a partir de la función de transferencia directa y la de transferencia inversa. En concordancia con la mayor parte de la literatura sobre el tema trataremos la función de transferencia de fase del sistema **T(s)**.

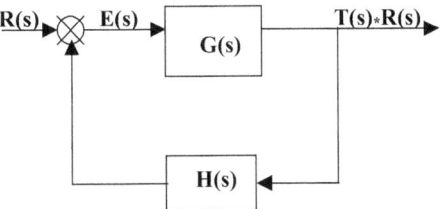

Figura 45

$$T(s) = \frac{G(s)}{1 + G(s)H(s)}$$

Para nuestro caso:

$$G(s) = K_D \frac{K_V}{s} F(s) = \frac{K}{s} F(s)$$

$$\text{y} \quad H(s) = \frac{1}{N}$$

(Recordemos que escribimos la función de transferencia de fase del sistema, por lo que para obtener la fase debemos integrar la frecuencia, en términos de Transformada de Laplace significa dividir por "s").

Podemos escribir entonces la función de transferencia del sistema como:

$$T(s) = \frac{N * K * F(s)}{N * s + K * F(s)} \quad \text{con} \quad K = K_D K_V$$

Donde K_D se expresa en voltios sobre radián y K_V en radianes sobre segundo por voltio. (Si K_V está expresada en Hertz sobre voltio debemos multiplicar por 2π).

Como vemos a continuación la función de transferencia de frecuencias es idéntica a la de fase ya que la frecuencia es la derivada de la fase:

$$T_F(s) = \frac{F_0(s)}{F_I(s)} = \frac{s * \Theta_0(s)}{s * \Theta_I(s)} = 1 * \frac{\Theta_0(s)}{\Theta_I(s)} = T(s)$$

El análisis lineal del sistema es una aproximación válida siempre y cuando tengamos acotados los errores que surgen de las no linealidades propias de los elementos que lo componen, como planteamos al inicio.

Respuesta al ruido

Nos interesa la respuesta del sistema de lazo cerrado a los ruidos propios de los distintos componentes que lo integran.

Recordando que la respuesta a cualquier señal en un sistema realimentado puede calcularse como el producto de la señal por los bloques directos dividido por 1+G(s)H(s) la respuesta del sistema al ruido propio del **VCO** puede calcularse como:

$$R_{VCO}(s) = \frac{e_o}{e_r} = \frac{1}{1 + G(s)H(s)}$$

$$R_{VCO}(s) = \frac{N}{N + KF(s)}$$

Esto implica el ruido propio del Oscilador Controlado por Tensión es atenuado dentro del rango de frecuencias proporcionado por la respuesta del filtro. Vemos además que el nivel de atenuación disminuye a medida que aumenta N. Ésta es otra de las razones por las que se desea mantener el valor de N lo más bajo posible.

La respuesta al ruido que se produce en el comparador de fase (el componente más importante del ruido del sistema) es :

$$\frac{e_o}{e_d} = \frac{T(s)}{K_D}$$

De manera que el lazo **no atenúa componentes de ruido** que se produzcan en el detector de fase y que estén **dentro de la banda de paso del sistema**. Esta es una de las razones por las que la frecuencia de referencia debe estar muy por encima de la frecuencia de corte del lazo.

Por esta razón se pretende en primer lugar que el ruido del detector sea mínimo, por lo que normalmente se usan ángulos error pequeños. El mínimo ruido se consigue incorporando un integrador a la salida del detector de fase (teóricamente el error sería nulo). Este ruido también depende fuertemente de la tecnología con que se implemente el detector de fase.

Cuando el producto **G(s)H(s)** es mucho mayor que 1 (lo que sucede normalmente dentro de la banda de paso de T(s)), la respuesta al ruido en la señal de referencia es:

$$\frac{\mathbf{e_o}}{\mathbf{e_r}} = \mathbf{N}$$

esto implica que debe usarse el mínimo valor de **N** compatible con las necesidades del sistema para no incrementar excesivamente el ruido a la salida, aunque el ruido de normalmente es muy bajo.

Definición de rangos

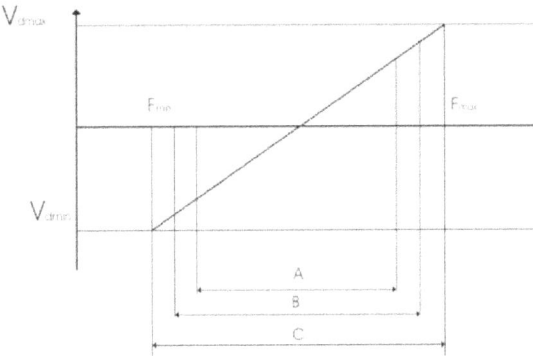

Figura 46 Rangos: A de Sincronismo, B de enganche C de mantenimiento.

Rango de Mantenimiento

Se llama rango de mantenimiento (C) de un **LEF** a la diferencia entre la máxima y la mínima frecuencia que un lazo puede seguir cuando estas variaciones son tales que el mismo no pierde sincronismo. Éste depende del rango y ganancia del **OCT** y el rango de tensión y ganancia del detector de fase. Para filtros no integradores puede calcularse como:

$$B_M = F_{max} - F_{min} = 2\pi K_D K_V$$

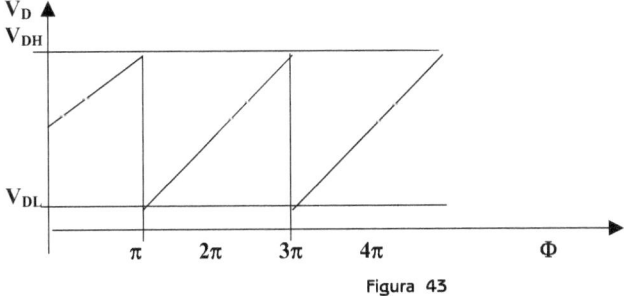

Figura 43

Este límite está calculado para detectores de fase con función tipo diente de sierra respecto de la diferencia de fase.

Para que esta expresión sea válida, esta banda de frecuencias debe estar contenida en el rango de operación del **VCO**.

Rango de sincronismo

Llamaremos rango de sincronismo al máximo "salto " de frecuencia que un lazo puede seguir sin perder sincronismo (A) . Puede demostrarse que éste corresponde a la frecuencia de corte de 3 dB del sistema. Para sistemas de segundo orden éste puede aproximarse como:

$$B_E = 4\xi\omega_n$$

Rango de enganche

(B) Si el salto de frecuencia cae fuera del rango de sincronismo pero puede volver al estado de régimen, el sistema entra en un modo de funcionamiento no lineal, como consecuencia, principalmente, de la no linealidad del detector de fase, y puede haber también salida del rango lineal en el amplificador del filtro o el **VCO**, por ejemplo. La descripción de este funcionamiento es extremadamente compleja y dependiente de la implementación de cada componente del sistema. También para el caso de sistemas de segundo orden existe una aproximación:

Frecuencia de Oscilación Libre

Es la frecuencia del **VCO** cuando la tensión de control es nula. No necesariamente es una frecuencia real ya que puede ocurrir que esté fuera del rango de operación del mismo. Podemos incorporar un adaptador de nivel a la salida del detector de fase para que la tensión de salida del filtro con error de fase cero ubique al **VCO** en el centro de la banda de interés.

$$B_E = 2\sqrt{2}\sqrt{2\xi\omega_n K_V - \omega_n{}^2}$$

Tipo y Orden de Lazo

Si bien no existe consenso total en la literatura, nos referiremos a las definiciones que utiliza Motorola en sus publicaciones técnicas para definir ambos.

Orden del lazo

Llamamos orden del lazo al orden del polinomio denominador de su función de transferencia de lazo cerrado.

Tipo de lazo

Nos referimos con tipo de lazo al número de polos al origen de la función de transferencia de lazo abierto. Podemos ver que un PLL sin filtro es un sistema de primer orden tipo I. Si el filtro contiene un polo no al origen el sistema pasa a ser de segundo orden tipo I y si el filtro contiene un polo al origen el sistema será de segundo orden tipo II.

Algunos casos simples

Analizamos a continuación los casos de algunos filtros más simples y eficaces. En todos los casos se trata de filtros que dan como resultado sistemas de segundo orden sea de Tipo I o de Tipo II, o que pueden ser tratados como tales.

La importancia que tienen estos sistemas está basada en que son incondicionalmente estables y que a partir de esta implementación inicial se pueden agregar modificaciones para alcanzar el resultado que se desea.

Un caso típico sería el de agregar un Filtro Notch que atenúe en unos 30 dB la componente de la $\mathbf{F_R}$ (existen configuraciones activas simples que permiten obtener fácilmente este nivel de atenuación). Como normalmente ésta se encuentra no menos de una o dos décadas por encima de la frecuencia de corte del lazo, el Notch prácticamente no modifica la respuesta dinámica del sistema. Además, se puede aplicar el criterio de margen de ganancia y de fase para verificar la estabilidad, que tampoco suele ser afectada por la inclusión de este filtro adicional.

Filtro RC simple

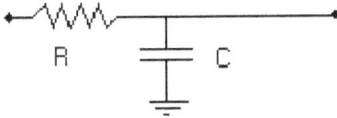

Figura 47

$$F(s) = \frac{1}{RCs+1}$$

Si definimos $\mathbf{T} = \mathbf{RC}$ y reemplazamos en la ecuación general obtenemos:

$$T(s) = \frac{N}{\dfrac{NT}{K}s^2 + \dfrac{N}{K}s + 1}$$

que obviamente corresponde a un sistema de segundo orden para los que ya se encuentran desarrolladas las curvas de respuesta normalizadas. Por comparación con la ecuación general de sistemas de segundo orden:

$$T(s) = \frac{N}{\dfrac{s^2}{\omega_n^2} + \left(\dfrac{2\xi}{\omega_n}\right).s + 1}$$

podemos obtener:

$$\boxed{\omega_n = \sqrt{\frac{K}{N*T}} \text{ y } \xi = \frac{1}{2}\sqrt{\frac{N}{K*T}}} \quad \text{o } T = \frac{K}{\omega_n^2 * N} \quad \text{o } T = \frac{N}{4 * \xi^2 K * T}$$

Definido uno de ambos parámetros a partir de las especificaciones del lazo se pueden obtener los valores de R y C que lo realicen. Queda en evidencia que el par de valores R y C no está unívocamente determinado por la condición de diseño sino su producto, por lo que se debe fijar uno de ellos para determinar el otro.

Este filtro no se usa en la práctica debido a que no permite seleccionar mas que uno de los dos factores que determinan el comportamiento dinámico del sistema y a que presenta una baja atenuación a la frecuencia de referencia.

Ejemplo N°5

Para el ejemplo N° 3, calcular la respuesta temporal a un escalón de fase de 1 π radianes, en ambos casos y contrastar con la respectiva atenuación a la frecuencia de referencia.

K_V=(20kHz/V)*(2π rad/seg.Hz)   N=1 K_D=5/π V/rad   K=2*10^5

T_a= 0,1ms ω_{na}= 44721rad/seg ξ_a=0,111

T_b= 0,01 ms ω_{nb}=141,4 Krad/seg ξ_b=0.354

$$\Delta\theta(t) = \pi \times e^{\left[sen(\omega_n t) - t/\tau\right]}$$

τ_a = **1 us** y τ_b= **10 us** que son las constantes del filtro RC.

Filtro de polo y cero simples

La función de transferencia del filtro es: $F(s) = \dfrac{1 + T_2 * s}{1 + (T_1 + T_2)s}$

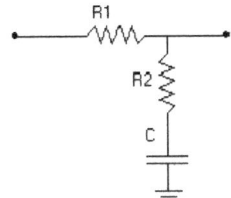

Figura 48

Donde $T_1 = C \cdot R_1$ y $T_2 = CR_2$

La respuesta del lazo completo será la de un sistema de segundo orden tipo I que puede expresarse como:

$$T(s) = \frac{1 + (2\zeta / \omega_n - N / K) \cdot s}{s^2 / \omega_n^2 + 2\zeta s / \omega_n + 1}$$

Los valores de R pueden calcularse una vez definidos ξ, ω_n y C_1

$$R_1 = \left(\frac{K}{\omega_n^2 \cdot N} - \frac{2\zeta}{\omega_n} + \frac{N}{K} \right) / C_1 \qquad R_2 = \left(\frac{2\zeta}{\omega_n} - \frac{N}{K} \right) / C_1$$

En este caso podemos elegir el valor de C, R_1 o R_2 (usualmente elegimos C_1).

Filtro integrador activo

La función de transferencia del filtro activo es:

$$F(s) = \frac{T_2 s + 1}{T_1 s} \qquad \text{con} \qquad T_1 = R_1 C \text{ y } T_2 = R_2 C$$

y
$$T(s) = \frac{1 + \left(\dfrac{2\zeta}{\omega_n} \right) \cdot s}{\dfrac{s^2}{\omega_n^2} + \left(\dfrac{2\zeta}{\omega_n} \right) \cdot s + 1} \qquad \text{con} \qquad \omega_n = \sqrt{\frac{K}{N T_1}} \qquad \text{y} \qquad \zeta = \frac{T_2 \omega_n}{2}$$

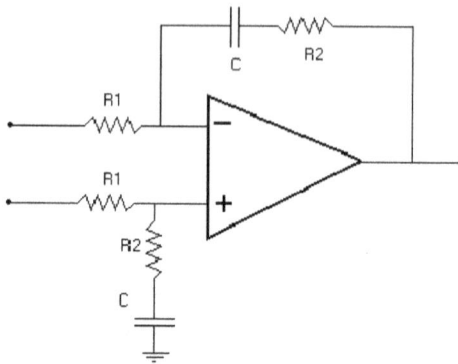

Figura 49

Incluimos al final del capítulo las curvas normalizadas de respuesta para sistemas de segundo orden de tipos I y II que permiten un diseño rápido a partir de las especificaciones dinámicas del PLL.

Filtro de Tercer orden para Detectores Bomba de Carga

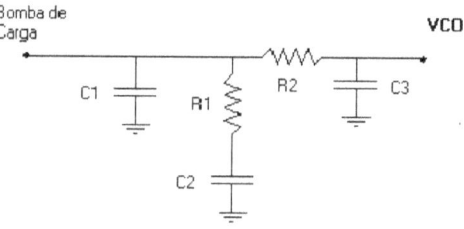

Figura 50

Este filtro, aunque de tercer orden, es muy usado haciendo que tenga el polo dominante determinado por los valores de R_1 y C_2. Así se asimila a un sistema de segundo orden Tipo II. Esto se logra tomando C_1 diez veces menor que C_2 y el producto $C_2 R_3$ mucho menor que $R_1 C_2$.

A continuación presentamos el método de cálculo que propone Fujitsu Microelectronics para esta configuración.

1 Calcular el valor de frecuencia natural del lazo $\mathbf{f_n}$ (previa selección de ξ).

$$f_n = \frac{-1}{2\pi t_s \xi} Ln\left(\frac{f_a}{F_R}\right)$$

Donde t_s es el tiempo de ingreso del sistema dentro del rango $+/- fa$.
Normalmente se toma ξ entre 0,707 y 1.

2 Calcular el valor de C_2:

$$C_2 = \frac{I_{cp}K_V}{N(2\pi f_n)^2}$$

Donde I_{CP} es la corriente de la bomba de carga

3 Calcular el valor de R_1:

$$R_1 = 2\xi\sqrt{\frac{N}{I_{cp}K_V C_2}}$$

Debe tenerse en cuenta que el valor de C_1 tiene un límite inferior dado por la expresión:

$$C_2 = \frac{I_{cp}}{F_{R*}\Delta V}$$

Donde ΔV es el menor valor entre la máxima tensión de salida del filtro (para N máximo) menos la tensión de alimentación del detector de masa o el valor mínimo de tensión de salida del filtro. Para obtener esta expresión se tiene en cuenta que el objetivo de C_2 es evitar que la salida del detector de fase sature con lo que la corriente que entrega dejaría de ser constante. El objetivo de R_2 y C_3 es producir una atenuación adicional del ruido de F_R.

Para un enfoque levemente distinto del mismo filtro puede verse la nota de aplicación AN1253 de Motorola.

Ejemplo 6:

Calcular el comportamiento con un comparador FF y filtro activo integrador con los mismos valores de ξ y ω_n del caso b (T=0.1 ms) en el ejercicio 3.

En el ejemplo 3: $\omega_n = \sqrt{\frac{K}{NT}} = \sqrt{\frac{4*10^5}{10^{-4}}} = 63.246$ y $\zeta = \frac{1}{2}\sqrt{\frac{N}{TK}} = 0,25$

Para el caso del filtro activo tenemos:

$$\omega_n = \sqrt{\frac{K_A}{NT_1}} \Rightarrow T_1 = \frac{K_A}{N\omega_n^2} = \frac{10^5}{63246^2} = 25us \quad \zeta = \frac{T_2\omega_n}{2} \Rightarrow T_2 = \frac{2\zeta}{\omega_n} = 7,9us$$

Al calcular K_A Tenemos en cuenta el hecho de que la ganancia del detector fase frecuencia es $V_{CC}/2\pi$ y no $2V_{CC}/\pi$ como en el detector tipo XOR.

Una práctica usual para estos casos es incorporar un tercer polo dividiendo R_1 en dos resistores en serie e incorporando un capacitor a masa diez veces menor que C, esto proporciona atenuación adicional produciendo un lazo de tercer orden, aunque el comprtamiento dinámico sigue siendo caracterizado por el polo dominante T_1.

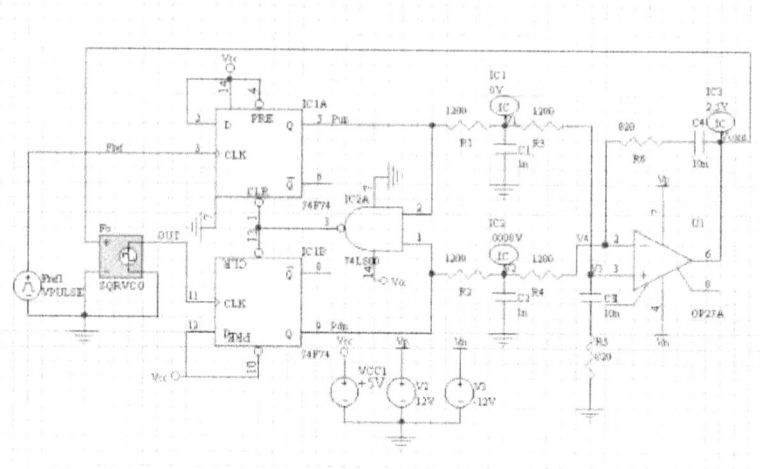

Figura 51

En esta simulación hemos incluido los capacitores C_1 y C_2 utilizando el criterio de distancia al polo dominante

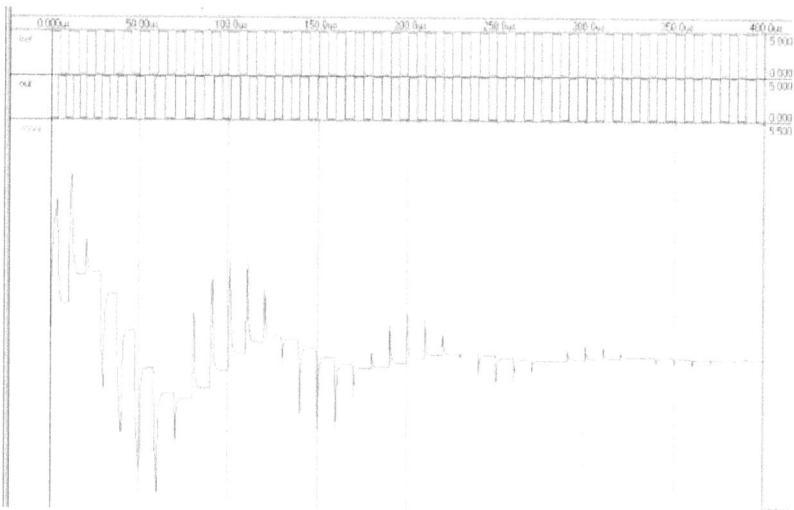

Figura 52

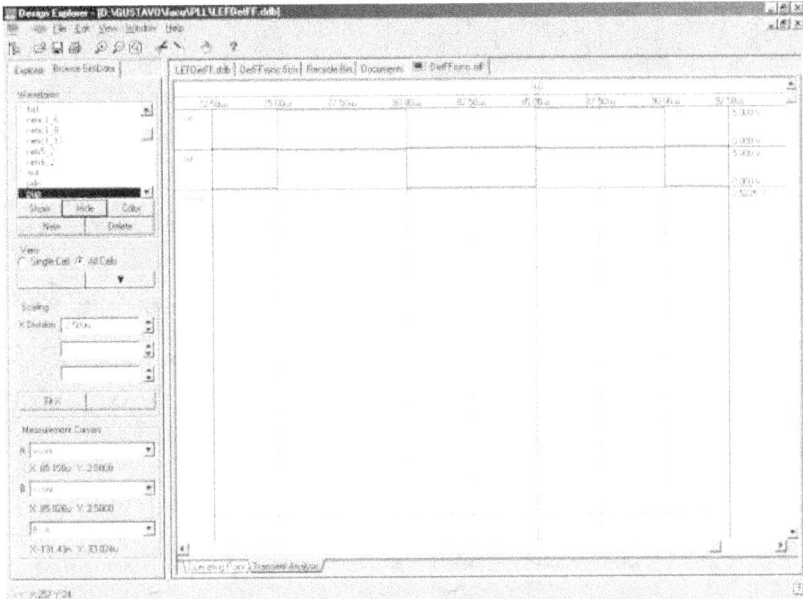

Figura 53

Como resultado de la simulación vemos que efectivamente el comportamiento dinámico del sistema es similar al caso a del ejercicio 3 aunque con una osicilación más reducida como consecuencia de tratarse de un sistema tipo II.

Si comparamos el ruido en estado estacionario observamos una mejora superior a los 60 dB con el filtro integrador.

Algunas consideraciones sobre ruido

Consideramos "ruido" a la salida de un PLL a la diferencia entre la señal sinusoidal pura de la frecuencia de enganche y la salida real del sistema. Un análisis en profundidad de los distintos tipos de ruido que se pueden encontrar en distintos sistemas escapa a las posibilidades de este curso de manera que sólo intentaremos definir algunos de los más característicos.

Si introducimos una señal sinusoidal pura en un analizador de espectro ideal obtendríamos una línea discontinua coincidente con el eje de abcisas y un punto correspondiente a la frecuencia en cuestión representando la amplitud de la misma. Obviamente la amplitud cero no puede representarse en escala logarítmica, la usual en analizadores de espectro.

Cualquier diferencia con esta forma puede llamarse ruido, incluyendo el desplazamiento de la frecuencia en tiempos prolongados, normalmente llamado deriva. Para establecer un criterio simple llamaremos ruido a cualquier diferencia medida en tiempos menores que un segundo y deriva a los demás.

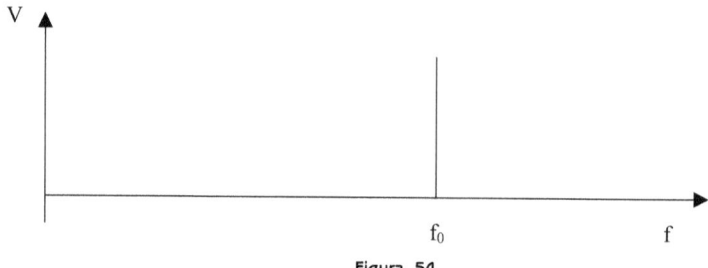

Figura 54

Otra forma de considerar el ruido en estos sistemas es el llamado "jitter", inestabilidad de flancos si se mide en tiempo o ruido de fase en caso de serlo en radianes. Si la frecuencia tiene estabilidad absoluta entonces la distancia entre dos flancos ascendentes o descendentes es constante, cualquier apartamiento de este valor en tiempos menores a un segundo se llama "jitter".

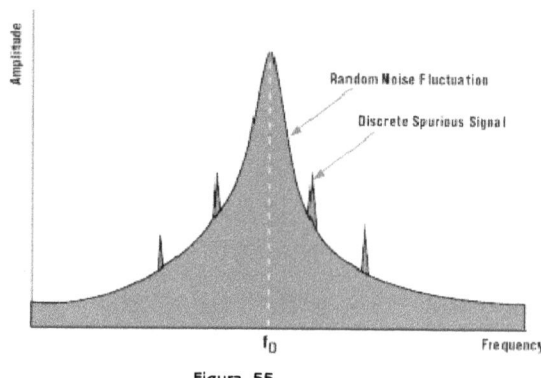

Figura 55

El aspecto que presentará la salida de cualquier sistema real está representado cualitativamente en la figura 26.
En estos casos llamamos frecuencia de salida al correspondiente al pico de la curva. Podemos distinguir claramente dos tipos de ruido en esta curva, el ruido aleatorio que da base a la campana más picos en frecuencias definidas. La campana corresponde mayoritariamente al ruido propio del **VCO** y los picos a las componentes de la F_R.
En la práctica, la campana correspondiente al **VCO** es mas ancha que la correspondiente al lazo cerrado por la atenuación dentro de la banda de paso del lazo, como se ilustra en la figura 27 para un caso real, y los picos son la consecuencia inevitable del detector de fase.

Ejemplo N°7:

Calcular la modulación en frecuencia de para ambos casos del Ejemplo N° 3.
La modulación en frecuencia se obtiene multiplicando la amplitud pico a pico de la tensión a la entrada del VCO por su ganancia.
$M_a = V_{app} * K_V = 5.06 mV * 2 * 10^4 Hz/V = 11,2 Hz$
$M_b = V_b V_{pp} * K_V = 50.6 mV * * 2 * 10^4 Hz/V = 112 Hz$

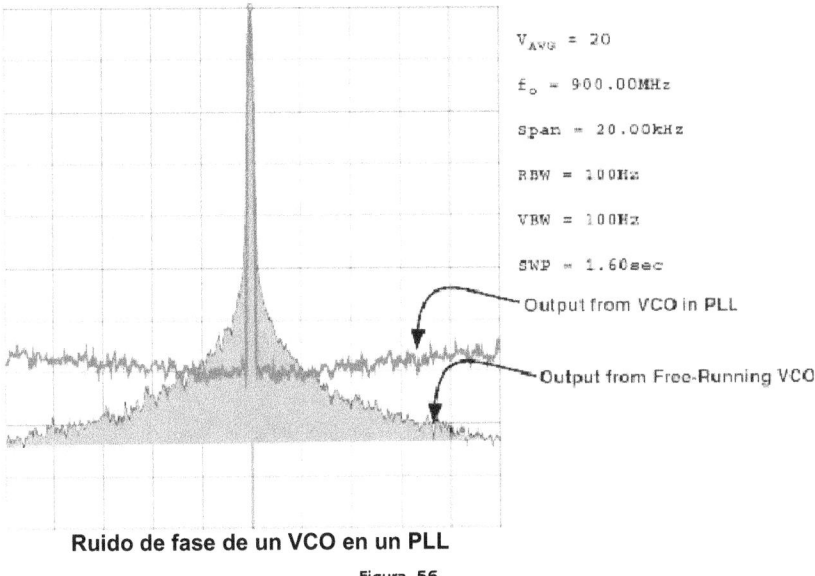

$V_{AVG} = 20$

$f_o = 900.00MHz$

$Span = 20.00kHz$

$RBW = 100Hz$

$VBW = 100Hz$

$SWP = 1.60sec$

Output from VCO in PLL

Output from Free-Running VCO

Ruido de fase de un VCO en un PLL

Figura 56

En líneas generales, para obtener una salida de alta pureza se debe trabajar con un Oscilador de bajo ruido, un detector de fase de buena calidad y un filtro bien diseñado.

En la figura siguiente se muestra la pantalla de un analizador de espectro conectado a un PLL de frecuencia de salida 1.880 MHz donde la frecuencia de referencia es de 200 kHz. Podemos apreciar claramente los picos de ruido a ambos lados de la frecuencia central que sobresalen unos 15 dB sobre el ruido base a esa frecuencia aunque tienen una atenuación de unos 75 dB respecto de la frecuencia central.

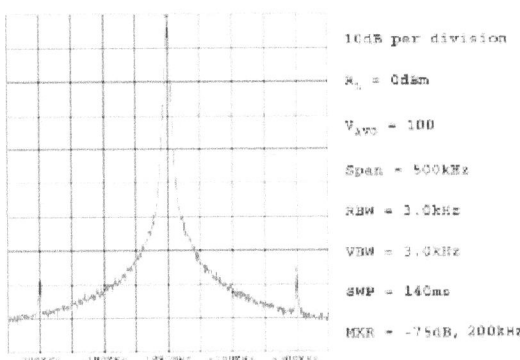

10dB per division

$R_o = 0dBm$

$V_{AVG} = 100$

$Span = 500kHz$

$RBW = 3.0kHz$

$VBW = 3.0kHz$

$SWP = 140ms$

$MXR = -75dB, 200kHz$

Figura 57

Ejemplo N°8

Calcular el valor de C para obtener en el caso del Ejercicio N° 3 una modulación a la F_R menor que 7,5 Hz. Verificar los valores de ξ y ω_n.

$V_{Mpp}=F_{Mpp}/K_V=7,5/20000=375uV$

$A_F= V_{Mpp}/V_{FRpp}=6.36V/375uV = 16960=F_R/F_C$ $F_C=200.000Hz/16960= 11,8Hz$

$RC=1/2\pi f=0,027$ $C=0,027/10000=2,7uF$

$$\omega_n = \sqrt{\frac{K}{N*T}} \quad y\, \xi = \frac{1}{2}\sqrt{\frac{N}{K*T}}$$

Ejemplo N°9

Calcular el valor de RC para obtener en el caso del Ejemplo N°2 agregando un filtro RC y un detector como el caso anteriorn, una modulación a la F_R menor que 7,5 Hz. Verificar los valores de ξ y ω_n.

$V_{Mpp}=F_{Mpp}/K_V=7,5/10^7=0,75uV$

$A_F=V_{Mpp}/V_{FRpp}=6.36V/0,75uV=8.48*10^6=F_R/F_C$ $F_C=200.000Hz/8.48*10^6= 0,0236Hz$

$RC=1/2\pi f=6,75seg$

$$\omega_n = \sqrt{\frac{K}{N*T}} = 86rad/seg \qquad y\,\xi = \frac{1}{2}\sqrt{\frac{N}{K*T}} = 2,2E-3$$

En la gran mayoría de las aplicaciones los requerimientos de atenuación de F_R son incompatibles con el comportamiento dinámico si se usan filtros de este tipo. Esto hace que se usen como mínimo, filtros integradores con un polo adicional para atenuarla.

Ejemplo N° 10

Suponga que usamos un detector tipo fase frecuencia con un ancho mínimo de pulso a la salida de 5 ns, alimentado entre 0 y 5V y el mismo filtro. Recalcular el ruido de F_R a la salida y la atenuación obtenida del mismo respecto del caso anterior.

Podemos suponer inicialmente que la variación de tensión sobre el capacitor será despreciable durante el pulso por lo que la corriente puede calcularse como I=2,5V/68kOhm=36,8 uA que multiplicada por el tiempo dará $\Delta Q=I*t=2,7$ pC. La diferencia de tensión producida en ese tiempo sobre C será: $\Delta V=\Delta Q/C=27nV$ es decir, unas 278 veces menos. Esto significa que podría aumentarse la frecuencia de corte del filtro en la misma proporción para la misma especificación de ruido.

Modos de Enganche Rápido

Una de las metodologías que se utilizan frecuentemente para compatibilizar tiempos de enganche cortos con bajo ruido consiste en conmutar dinámicamente filtros y divisores para enganchar con frecuencias de referencia elevadas y filtros de ancho de banda amplios en el inicio de un salto en frecuencia a frecuencias de referencia mas bajas y filtros mas estrechos una vez alcanzada la frecuencia deseada. Tal es el caso del integrado LMX2306 de National semiconductors. La estrategia en este caso consiste en modificar la ganancia del detector de fase modificando la corriente de la bomba de carga y, simultáneamente, modificar divisores y filtro.

La transición entre ambos modos puede manejarse mediante un contador programable en hasta 64 ciclos de señal de referencia o a través de una señal externa.

Este dispositivo también cuenta con un modo alta impedancia en la salida del detector de fase para suprimir temporalmente el ruido inducido por el mismo. Debe tenerse en cuenta que de esta manera el lazo de control se abre y el sistema queda sujeto a las derivas producidas en la tensión de entrada del Oscilador Controlado por Tensión.

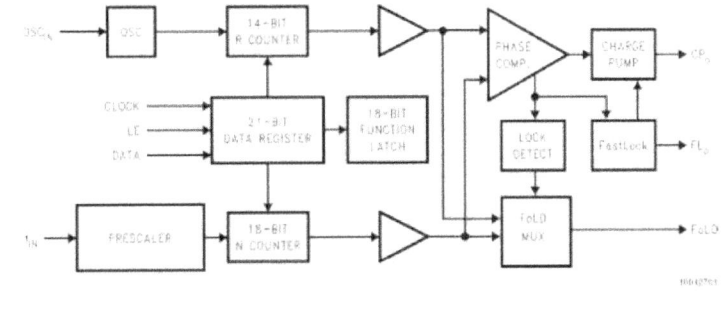

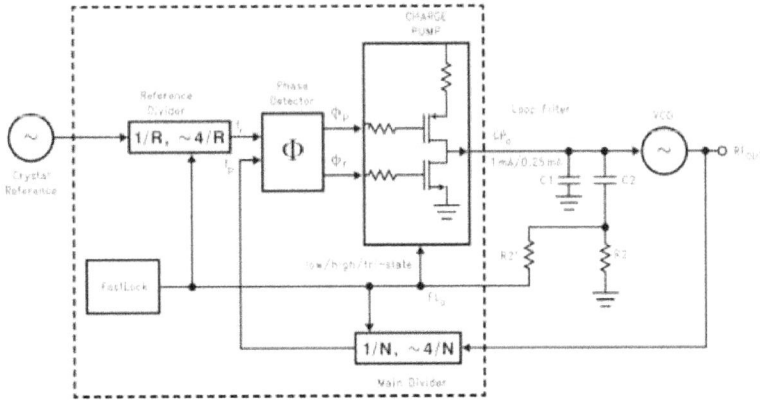

Figura 58

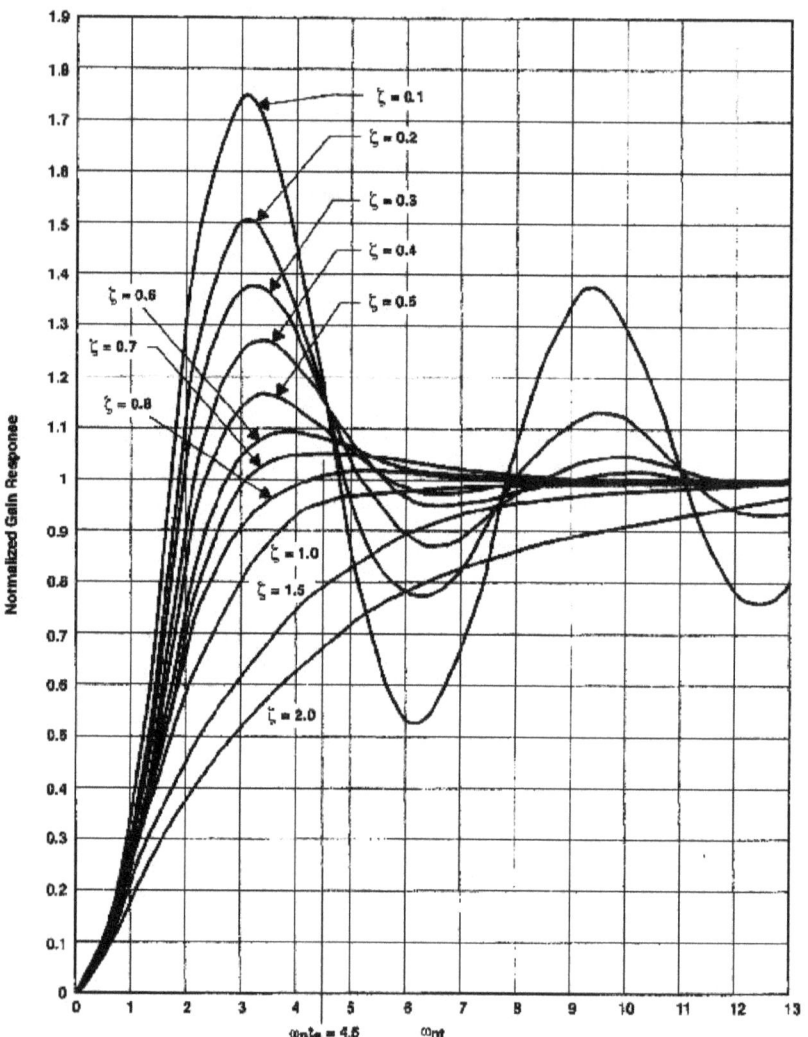

Type 1 Second-Order Step Response

Figura 59. Respuesta normalizada de ganancia al escalòn

Para sistemas de segundo orden tipo I

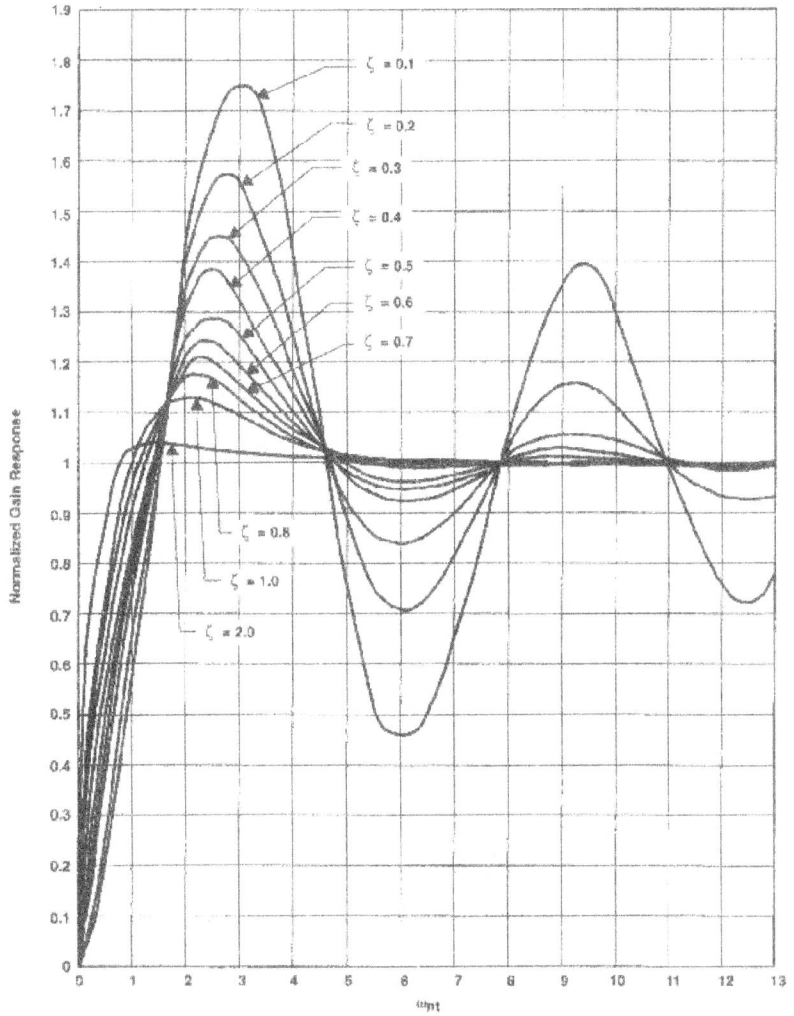

Type 2 Second-Order Step Response

Figura 60. Respuesta normalizada de ganancia al escalòn

Para sistemas de segundo orden tipo II

CAPÍTULO 4

DISEÑO DE UN PLL

Selección de Componentes.

Necesitamos seleccionar los componentes que cubran las especificaciones del sistema a diseñar, entre las que se suelen contar:

Rango de frecuencias de trabajo.
Cantidad de canales
Distancia entre canales.
Respuesta dinámica o banda de paso.
Forma de programación (llaves, paralelo, serie, ...)
Ruido a la salida.

Existe una enorme diversidad de circuitos integrados que incluyen varios de los bloques del **PLL.** Los componentes a seleccionar son los módulos principales del diagrama de bloques con excepción del filtro que en prácticamente todos los casos es implementado externamente.

Cálculo de las ganancias

Una vez seleccionados los componentes debemos obtener los valores de K_D y K_V. El valor de K_D se obtiene de la fórmula provista por el fabricante y depende del tipo de detector. El valor de K_V normalmente se obtiene por linealización de la curva de respuesta del **VCO** una vez armado el mismo o de la curva que provee el fabricante. También debe tenerse en cuenta la necesidad de una amplificación y/o desplazamiento de nivel extra de la señal obtenida en el detector de fase para cubrir el rango de tensiones necesario a la entrada del **VCO.** Cuando usamos un filtro integrador activo debemos tener en cuenta que la excursión de salida de los amplificadores no suele llegar a los valores de V^+ y V^- lo que puede dificultarnos la puesta en marcha si no lo tuvimos en cuenta previamente.

Cálculo de los divisores.

Normalmente deben compararse distintas opciones para obtener el conjunto de canales de frecuencia que normalmente tiene el sistema basado en un PLL. Las variables del sistema son: Cristales, prescalers y divisores programables disponibles en el mercado. Una implementación usada muy a menudo es la de usar también un divisor en la frecuencia del oscilador a cristal y el esquema "cola de golondrina" en el preescaler.

Cálculo del filtro.

Para el cálculo del filtro debemos partir de las especificaciones de comportamiento dinámico del lazo que suelen definirse en términos de tiempo de establecimiento o banda de paso. Es usual también especificar el ruido de salida, entre los que como sabemos, el de la F_R es de especial consideración. Debemos también tener en cuenta el orden del lazo. Si el sistema resultante es de orden superior a dos deberemos realizar un análisis de estabilidad. Es frecuente incorporar un filtro elimina banda (usualmente un filtro tipo Notch) a la frecuencia de referencia. Si la frecuencia de referencia está suficientemente alejada de la banda de paso del lazo, éste no afectará la estabilidad del mismo.

Hay un antagonismo permanente entre la velocidad de respuesta del lazo, que implica una banda de paso grande, con el nivel de ruido en la salida, que mejora a medida que disminuye la misma. Suelen combinarse ambas soluciones conmutando filtros. Mientras el sistema no está enganchado se usa un filtro con banda de paso grande que dé buena velocidad de adquisición del sincronismo, y una vez obtenido el enganche se conmuta a un filtro que cumpla las especificaciones de ruido.

Armado del prototipo

Al diseñar el impreso del prototipo deben tenerse en cuenta las recomendaciones usuales del diseño para circuitos de radiofrecuencia:

Capacitores de filtro junto a las alimentaciones de los integrados.
Caminos de RF cortos.
Utilización de la mayor parte de la superficie libre como masa.
Disposición de puntos de medición para la puesta en marcha.

Mediciones de comportamiento

Las mediciones de comportamiento están indisolublemente asociadas con las especificaciones. Se recomienda fuertemente leer los párrafos dedicados a este tema en el capítulo correspondiente de Amplificadores de Señal Débil antes de intentar sentarse en el laboratorio.

Dos herramientas son indispensables en este caso, el frecuencímetro y el osciloscopio. Las mediciones dinámicas del sistema se realizarán sobre la tensión de entrada del **VCO** ya que resultan equivalentes a las de salida pero mucho más simples de implementar.

Debe recordarse que para realizar una buena medición debe conocerse previamente qué se espera medir y cuánto se modifica el sistema al realizar la medición.

Si se quiere medir el tiempo de establecimiento por ejemplo, estableceremos un salto periódico de frecuencia con un período de, digamos, diez veces el previsto por cálculo y se estiman las tensiones correspondientes a ambas frecuencias para poder observar en una escala aceptable la señal en el osciloscopio.

Hojas de datos

Una clave para diseñar correctamente cualquier tipo de circuito electrónico consiste en disponer buena información respecto de los dispositivos a emplear e interpretarla correctamente.

Incluimos como ejemplo la información de los siguientes integrados para comparar distintos fabricantes:

TL2933 de Texas Instruments.
PE3238 e3 Peregrine Semiconductors
SEI-1618-PG de Meret Optical
LMX2306 de National Semiconductors
MBC15C03PLL de Fujitsu

Ejemplo n°11

Incluimos a continuación una traducción adaptada del ejemplo de diseño de un sintetizador de frecuencias presentado por Motorola en su AN535.

Especificaciones

Frecuencias de salida: 2,0 a 3,0 MHz.
Escalón de frecuencias: 100 kHz.
Tiempo de establecimiento: 1 ms.
Sobrepasamiento: <20%
Coherente en fase.

En correspondencia con el diagrama de bloques correspondiente se seleccionaron los siguientes componentes:

Detector de Fase: MC4344
Oscilador: MC4324
     Divisor Programable: MC4316

Los valores extremos del divisor pueden calcularse como:
$N_{min} = F_{min}/F_R = 20$
$N_{max} = F_{max}/F_R = 30$

Para obtener coherencia en fase, es decir, error de fase nulo, debemos implementar un sistema tipo II .

Para centrar la banda del oscilador controlado por tensión y cubrir el rango de frecuencias deseado se determina un capacitor de 100 pF según se desprende de las hojas de datos del MC4324. A continuación se incluye la gráfica tensión/frecuencia del **VCO**. De dicha curva puede establecerse que la ganancia promedio del **VCO** para el rango de interés será de 11,2 E 6 rad/s.V.

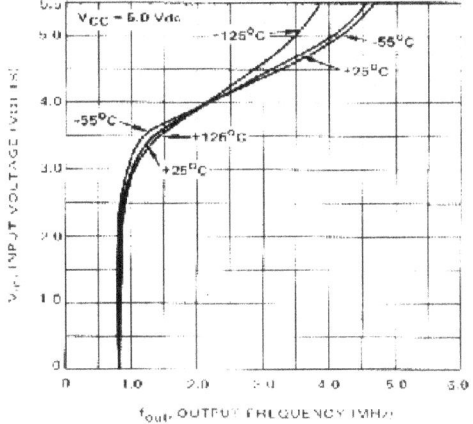

MC4324 Input Voltage versus Output

Figura 61

La ganancia del detector de fase se obtiene como

$$\mathbf{K_d} = (\mathbf{V^+} - \mathbf{V^-})\,/4\pi = (2,3V - 0,9V)\,/\,4\pi = 0,111\ \text{V/rad}.$$

Para obtener un sistema tipo II la función de transferencia del filtro debe tener la forma $F(s) = (s+a)/s$ Que puede obtenerse con un circuito como el siguiente

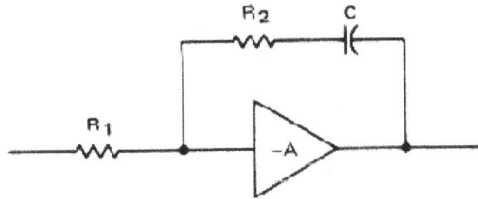

Figura 62

La función de transferencia puede escribirse para ganancia del amplificador suficientemente grande como

$F(s) = (\ R_2Cs + 1)/R_1Cs$

En este caso se aplica un factor 0,5 para contemplar el efecto de la ganancia del amplificador incluido en el MC4344.

De esta manera obtenemos la ecuación característica

$$1 + G(s)\,H(s) = 1 + K_D * F(s) * (K_V/s) *1/N = s^2 + 2\xi\omega_n + \omega_n^{\,2}$$

De las curves normalizadas de respuesta de sistemas Tipo II de segundo orden obtenemos que con un $\xi = 0,8$ el sobrepasamiento será menor que el 20%.

Para dicha curva el valor de abcisas donde entra en el 5% es de $\omega_n t = 4,5$ de donde:

$\omega_n = 4,5/t = 4,5 \ E3$ rad/s

Comparando los términos independientes de la ecuación característica obtendremos que, para N máximo (peor condición desde el punto de vista del sobrepasamiento)

$R_1 * C = 0,00102$

Fijando $C = 0,1$ uF $R = 10$kOhm.

Puede despejarse R_2 del término de primer orden de la ecuación característica .

$R_2 = 2 \ \xi \ / \ C \ \omega_n = 3555$ Ohm

Tomamos el valor normalizado más próximo

$R_2 = 3300$ Ohm.

Ejemplo n°12

Diseñar un sintetizador de frecuencias que para el oscilador local uno del ejemplo 4.

Selección de componentes
VCO: Rango 640 a 675 MHz
El **JTOS-1025** de Minicircuits cubre el rango necesario con un rango de tensiones de entrada comprendido prácticamente entre 1V y 2V.

El LMX2316 de National Semiconductors permite trabajar con frecuencias hasta 1,2 GHZ e incluye todos los bloques necesarios teniendo una tensión de alimentación hasta 5V que permitiría manejar directamente el Oscilador. El **PE3238** de Peregrine Semiconductors llega hasta los 1,5 GHz por lo que también cubre el rango de interés.

Integrado: PE 3238

Divisor fijo de referencia R=64, debemos incorporar un divisor externo por dos ya que Rmxa=63 y programar el divisor interno en 32.

Nmin=Fmin/Fr=3200
Nmax=Fmax/Fr=3375

De la curva del VCO obtenemos

Kv=48,3MHz/V=3,035E8 rad/seg Vo=7dBmv

Teniendo en cuenta que alimentamos el circuito con 3V y que se trata de un detector fase frecuencia:

Kd=2,7V/4π=0,22rad/V

K=2πKv*Kd=66,8E6

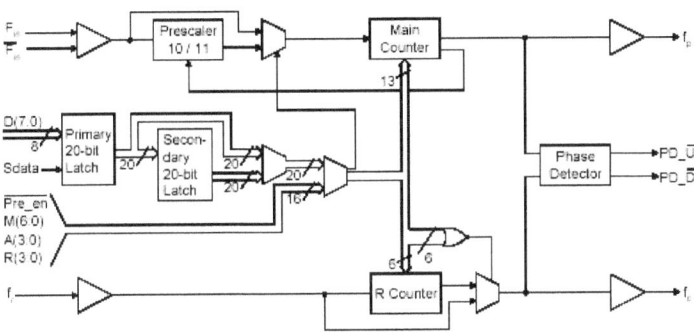

Figura 63

Utilizamos un filtro integrador como el que propone el fabricante y mostramos a continuación.

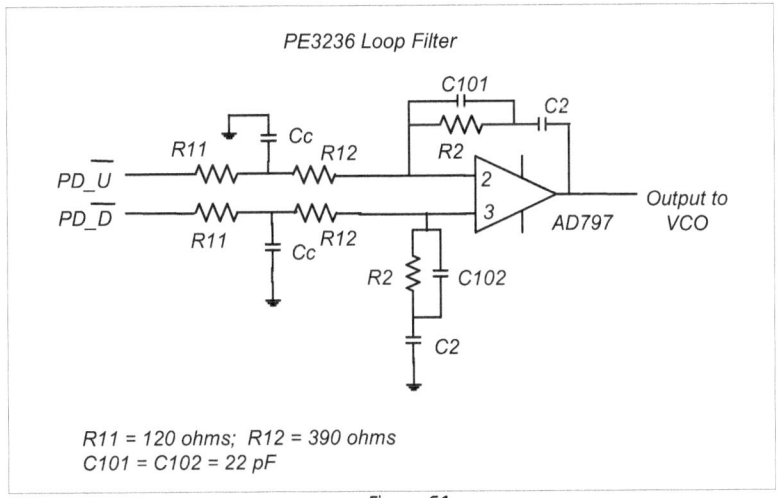

Figura 64

El fabricante nos provee una planilla de cálculo en Excel con las fórmulas necesarias para diseñar el filtro

De la planilla de cálculo tomando los valores prefijados de R11=120 Ohm y R12=390 Ohm y frecuencia de trabajo de 650MHz

Kv=48,3 MHz/V
Frecuencia de corte del lazo 2kHz
Paso del sintetizador 200kHz
Margen de fase del lazo 67°
Obtenemos

Cc = Tc/(R11‖R12)	Farads	1.76E-07
C2 = T1/(R11+R12)	Farads	2.30E-06
R2 = T2/C2	Ohms	170

Normalizando valores tomamos:

R11	Ohms	120
R12	Ohms	390
R2	Ohms	180
Cc	Farads	2.20E-07
C2	Farads	2.20E-06

De esta manera
T1=510*C2=1,12 ms
T2=180*C2=396us

$$\omega_n = \sqrt{\frac{K}{NT_1}} = 4283 \quad \zeta = \frac{T_2 * \omega_n}{2} = 0,85$$

Con estos valores, a partir de la curva de respuesta normalizada para sistemas de segundo orden tipo II, se puede estimar que el tiempo de respuesta al 5% del sistema será de aproximadamente 0,93ms
La hoja de cálculo de Peregrine nos arroja la siguiente curva de respuesta en frecuencia para el lazo cerrado:

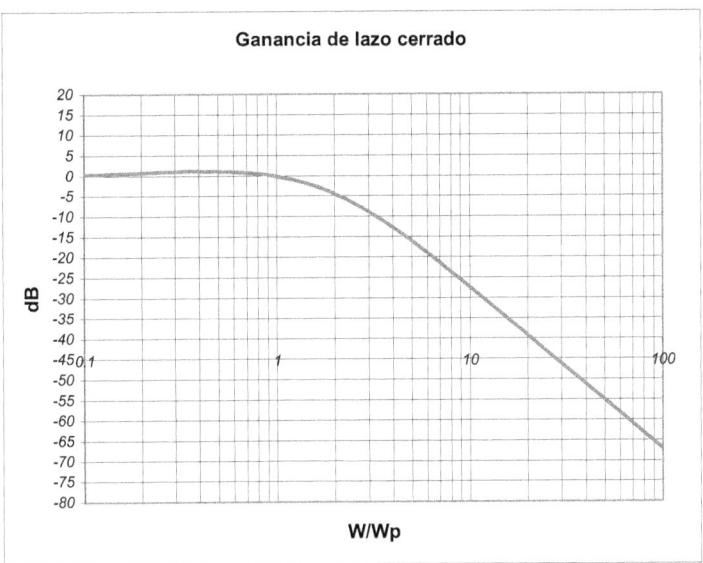

Figura 65

Que muestra una atenuación para la frecuencia de referencia de 200kHz de 68dB.

De la especificación del nivel de entrada del PE y la salida del VCO puede verse que necesitamos una atenuación mínima de 1dB. Esto puede hacerse simplemente con un circuito resistivo puro.

CAPÍTULO 5

INTRODUCCIÓN A LOS AMPLIFICADORES DE SEÑAL DÉBIL SINTONIZADOS

Objetivos

Que al completar los capítulos dedicados al tema y la ejercitación propuesta el lector sea capaz de:

Comprender las dos herramientas más usadas en la descripción matemática de transistores de **RF**, los parámetros admitancia o "**Y**" y los parámetros dispersión o "**S**".

Analizar las aplicaciones de estos parámetros en circuitos amplificadores de **RF** sintonizados.

Utilizar métodos de diseño de etapas amplificadoras del tipo mencionado para los tres casos más frecuentes, máxima ganancia, mínimo ruido o combinación de ambas exigencias.

Comprender los cuidados básicos a la hora de realizar mediciones en RF.

Introducción

Las herramientas de diseño que a continuación tratamos pueden ser obsoletas muy pronto, no así la idea fundamental de hacer modelos matemáticos de un dispositivo y utilizar ese modelo para realizar análisis y síntesis de módulos para diversas aplicaciones. Esto implica que debemos esforzarnos permanentemente en mantenernos actualizados en la evolución tecnológica sin desesperarnos, ya que resulta absolutamente imposible mantenerse actualizado en todos los campos.

Hablamos de Señal Débil cuando las amplitudes de las señales de entrada a un amplificador son lo suficientemente pequeñas como para que la tensión de salida sea proporcional respecto de la señal de entrada. Estrictamente, éste no es el caso de ningún dispositivo activo.

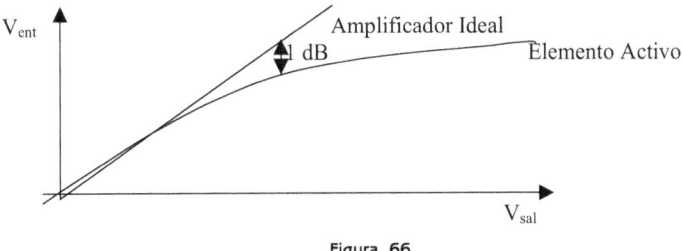

Figura 66

Desde el punto de vista práctico consideramos señales débiles aquellas cuyas amplitudes son menores o iguales a $26mV_{pp}$ en la base de un transistor bipolar polarizado en clase "A" ya que de este modo la distorsión de salida es menor que el 11%. En transistores mosfet esta amplitud puede extenderse a $200 mV_{pp}$. Elegimos este valor ya que corresponde a una disminución de ganancia de 1dB, que resulta aceptable. En todos los casos se producen a la salida armónicos de la señal de entrada que son atenuados por los acoplamientos sintonizados.

Decimos que un amplificador es sintonizado cuando a la entrada y/o salida del mismo colocamos un circuito resonante con un factor de mérito "**Q**" mayor o igual que 5. De esta manera puede caracterizarse el elemento activo con los parámetros que lo describen en una sola frecuencia.

Con estas definiciones encuadramos un conjunto muy importante de amplificadores que pueden ser descritos mediante ecuaciones lineales con parámetros constantes, lo que permite un tratamiento matemático y conceptual simple y, por lo mismo, eficaz.

La amplificación de señales de radiofrecuencia en altos factores (de 10 a 100.000 veces) para una estrecha banda de frecuencias es de vital importancia para campos tan importantes como el de las telecomunicaciones, lo que hace de este capítulo una herramienta crucial de la Ingeniería Electrónica.

Definimos la cantidad real llamada factor de calidad **Q** o factor de mérito de un circuito como el cociente entre la frecuencia de resonancia y el ancho de banda de 3dB, es decir:

$$Q_0 = \frac{\varpi_0}{\varpi_2 - \varpi_1}$$

Donde ϖ_0 , frecuencia de resonancia, es la media geométrica de ω_1 y ω_2. Sabemos también que en un circuito resonante paralelo RLC el factor de mérito **Q** resulta :

$$Q = \frac{1}{\varpi_0 LG} = \frac{\varpi_0 C}{G}$$ Donde G es la conductancia total asociada al circuito.

Ejemplo n° 13

El circuito que mostramos representa el ejemplo de un circuito resonante a 1MHz

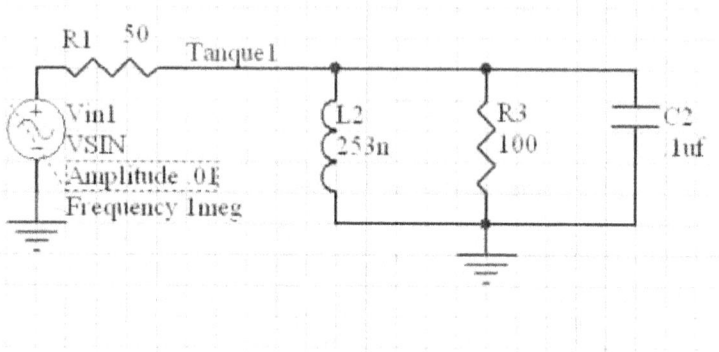

Figura 67

La resistencia paralelo equivalente en este caso es el paralelo de R_1 y R_3, es decir, $R_p=33$ Ohm de manera que el ancho de banda de este circuito debería ser de 47,7kHz.

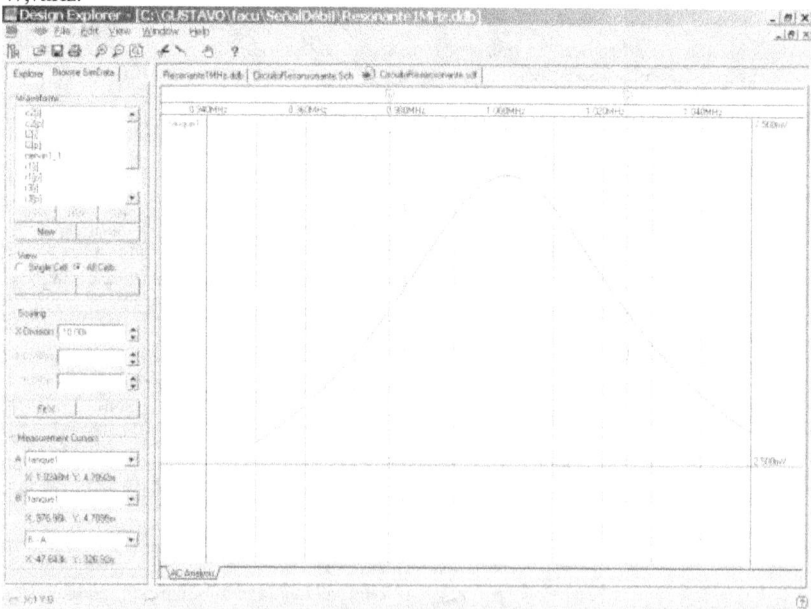

Figura 68

En la figura vemos el resultado de la simulación realizada en la que se puede medir el mismo obteniendo un resultado de 47,84, tomando las frecuencias superior e inferior como $2^{-1/2}$ del valor máximo a la frecuencia de resonancia.

La atenuación que produce este circuito a la frecuencia de 2MHz es de 66 veces o 36,4dB (20xlog (6,6mv/212uV)). Es decir, si utilizamos este circuito en un amplificador cuya distorsión fuera del 10%, la componente de salida correspondiente a 2MHz seria 364 veces menor que la fundamental.

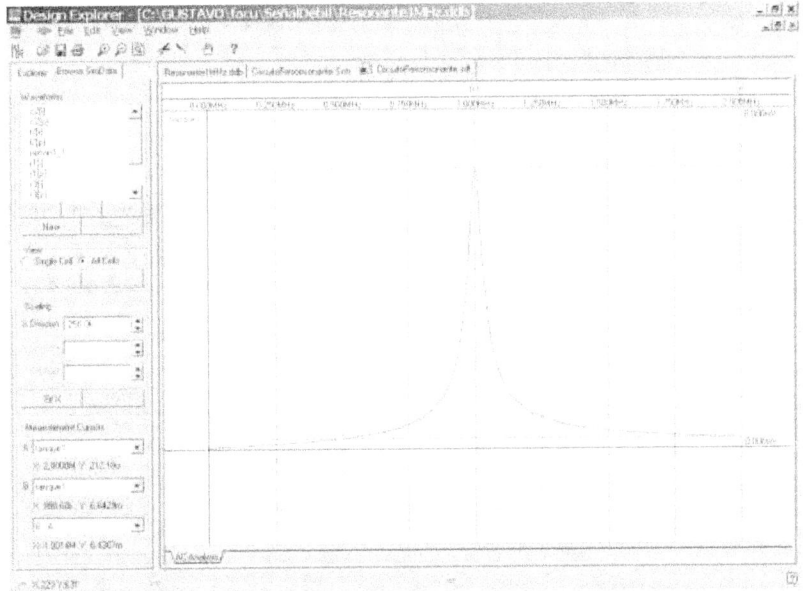

Figura 69

Para diseño de amplificadores de RF no se utilizan los parámetros híbridos, ni parámetros "Z" sino que se utilizan los parámetros admitancia "Y" y los parámetros de dispersión "S", que son más fáciles de medir y que generalmente aparecen en las hojas de datos provistas por los fabricantes.

Los parámetros "Y" se utilizan hasta aproximadamente 300MHz, y de desde los 100 MHz en adelante se suelen utilizar los parámetros "S" estos límites en el uso se deben a que en altas frecuencias los parámetros "Y" se tornan difíciles de medir y la precisión de las mediciones obtenidas con los parámetros "S" es mayor.

Circuito resonante y transformación de impedancias

Los circuitos resonantes, por su característica de selectividad en frecuencia, se usan mucho en sistemas de comunicación para separar señales deseadas de las indeseadas. Además los circuitos resonantes tienen propiedades importantes de transformación de impedancias, por ejemplo, se puede diseñar para que una fuente de alta impedancia vea en resonancia, su impedancia conjugada y transfiera la máxima potencia a una carga de baja resistencia, o viceversa. Hablamos de **transformación de impedancias** cuando el objetivo de una red pasiva es presentar a un lado del circuito una impedancia diferente del que se conecta al otro. Si se cumple también la condición de máxima transferencia de energía hablamos de **adaptación de impedancias.**

Como la impedancia de los circuitos resonantes pasa por un pico mínimo o máximo en resonancia, el ancho de banda o selectividad en frecuencia de tales circuitos, se define en términos del ancho relativo de este pico. El ancho de banda está relacionado con el factor de calidad (**Q**) del circuito, que junto con la resistencia resonante y las propiedades de transformación de impedancias de un circuito son importantes en el diseño de Amplificadores de RF.

Redes de acoplamiento

Una red de acoplamiento es un cuadripolo pasivo cuya función principal es transformar impedancias.

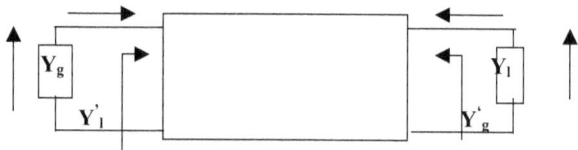

Figura 70

Si se cumple : $Y'_1 = Y_g^*$ y $Y'_g = Y_1^*$ **entonces la red es adaptadora de impedancias.**

Ésta es la condición de máxima transferencia de energía que llamamos "adaptación de impedancias". Se cumple de ambos lados del cuadripolo.

Redes de acoplamiento sintonizadas

Presentamos a continuación algunos casos simples de circuitos transformadores de impedancias y sus principales ecuaciones de diseño.

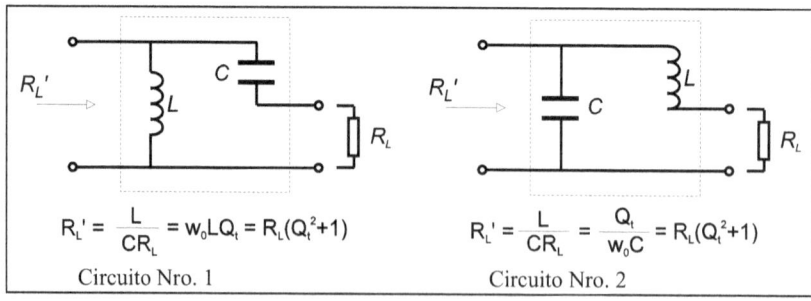

$$R_L' = \frac{L}{CR_L} = w_0 L Q_t = R_L(Q_t^2+1)$$

Circuito Nro. 1

$$R_L' = \frac{L}{CR_L} = \frac{Q_t}{w_0 C} = R_L(Q_t^2+1)$$

Circuito Nro. 2

Figura 71

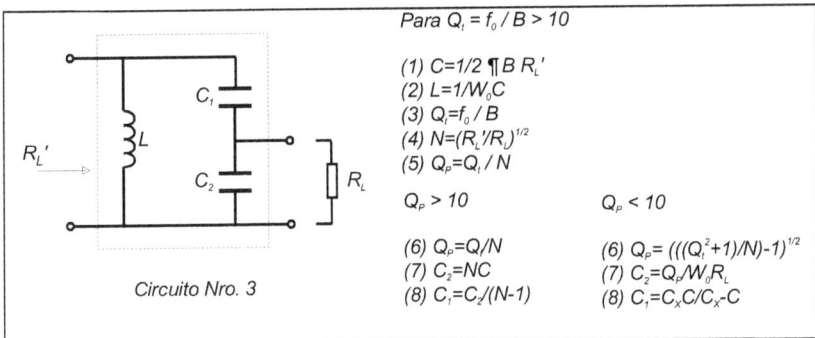

Para $Q_t = f_0 / B > 10$

(1) $C = 1/2 \, \P \, B \, R_L'$
(2) $L = 1/W_0 C$
(3) $Q_t = f_0 / B$
(4) $N = (R_L'/R_L)^{1/2}$
(5) $Q_p = Q_t / N$

$Q_P > 10$ $Q_P < 10$

(6) $Q_p = Q/N$ (6) $Q_p = (((Q_t^2+1)/N)-1)^{1/2}$
(7) $C_2 = NC$ (7) $C_2 = Q_p/W_0 R_L$
(8) $C_1 = C_2/(N-1)$ (8) $C_1 = C_x C/C_x - C$

Circuito Nro. 3

Figura 72

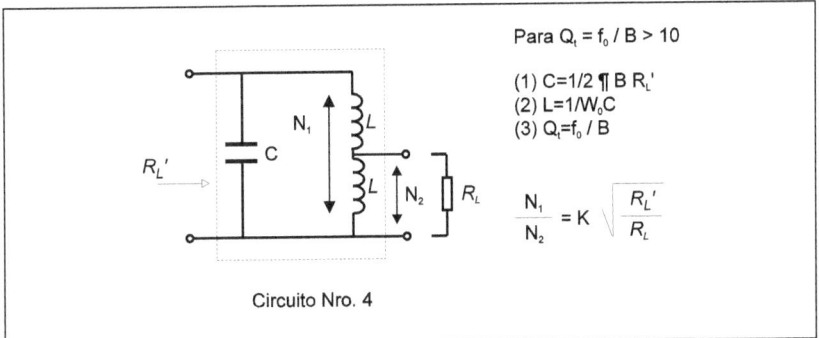

Para $Q_t = f_0 / B > 10$

(1) $C = 1/2 \, \P \, B \, R_L'$
(2) $L = 1/W_0 C$
(3) $Q_t = f_0 / B$

$$\frac{N_1}{N_2} = K \sqrt{\frac{R_L'}{R_L}}$$

Circuito Nro. 4

Figura 73

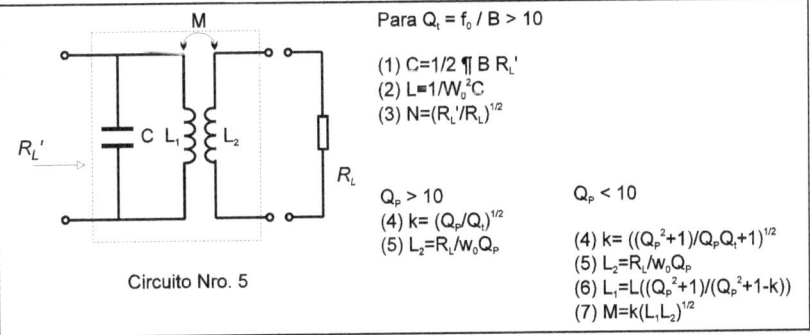

Para $Q_t = f_0 / B > 10$

(1) $C = 1/2 \, \P \, B \, R_L'$
(2) $L = 1/W_0^2 C$
(3) $N = (R_L'/R_L)^{1/2}$

$Q_P > 10$ $Q_P < 10$

(4) $k = (Q_p/Q_t)^{1/2}$
(5) $L_2 = R_L/w_0 Q_p$ (4) $k = ((Q_p^2+1)/Q_p Q_t+1)^{1/2}$
                (5) $L_2 = R_L/w_0 Q_p$
                (6) $L_1 = L((Q_p^2+1)/(Q_p^2+1-k))$
                (7) $M = k(L_1 L_2)^{1/2}$

Circuito Nro. 5

Figura 74

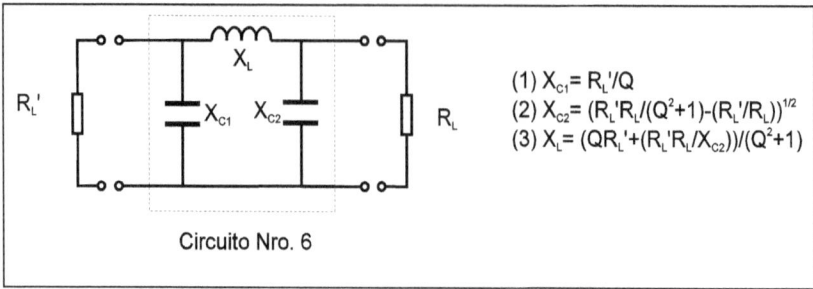

Circuito Nro. 6

(1) $X_{C1} = R_L'/Q$
(2) $X_{C2} = (R_L'R_L/(Q^2+1)-(R_L'/R_L))^{1/2}$
(3) $X_L = (QR_L' + (R_L'R_L/X_{C2}))/(Q^2+1)$

Figura 75

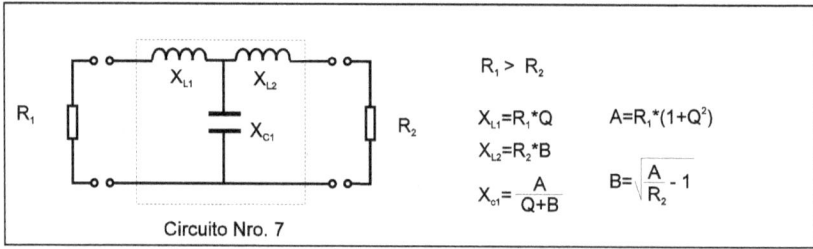

Circuito Nro. 7

$R_1 > R_2$

$X_{L1} = R_1*Q$ $A = R_1*(1+Q^2)$

$X_{L2} = R_2*B$

$X_{c1} = \dfrac{A}{Q+B}$ $B = \sqrt{\dfrac{A}{R_2} - 1}$

Figura 76

CAPÍTULO 6

PARÁMETROS ADMITANCIA "Y"

A continuación realizaremos el análisis de los transistores de radiofrecuencia con las siguientes consideraciones:

1 – El modelo describe el comportamiento del transistor sólo para **Señal Débil** en el sentido en que se planteó en la introducción.
2 – El modelo, por ser lineal, describe sólo el comportamiento ante componentes sinusoidales de tensión y corriente.

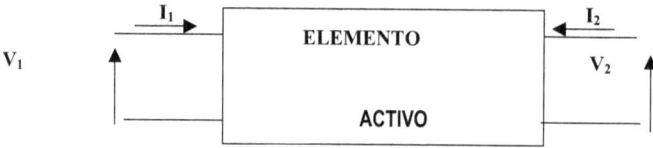

Figura 77

Recordemos que cualquier red lineal puede describirse matemáticamente por una matriz de parámetros. En los transistores éstos dependen básicamente de la configuración adoptada , la polarización y la frecuencia. $Y_{ij} = F (I_0 , V_{CEQ} , f_0)$

También dependen del componente en particular y la temperatura, lo que implica dispersión en los valores

Las ecuaciones que definen los **parámetros de admitancia** son :

$$I_1 = Y_{11} * V_1 + Y_{12} * V_2$$
$$I_2 = Y_{21} * V_1 + Y_{22} * V_2$$

Es decir, se computan las corrientes de entrada y salida como funciones de las tensiones respectivas.

Si cortocircuitamos la salida, es decir, hacemos que V_2 valga cero para cualquier valor de corriente:

$$Y_{11} = \left. \frac{I_1}{V_1} \right|_{V_2=0} \quad \text{Admitancia de Entrada con salida en cortocircuito}$$

$$Y_{21} = \left. \frac{I_2}{V_1} \right|_{V_2=0} \quad \text{Admitancia de Transferencia Directa con salida en cortocircuito}$$

Realizando el cortocircuito en la entrada y midiendo a la salida:

$$Y_{12} = \left. \frac{I_1}{V_2} \right|_{V_1=0} \quad \text{Admitancia de Transferencia Inversa con entrada en cortocircuito}$$

$$Y_{22} = \left. \frac{I_2}{V_2} \right|_{V_1=0} \quad \text{Admitancia de Salida con entrada en cortocircuito}$$

Debe recordarse también que:

1- Los valores informados por el fabricante tienen dispersiones grandes entre componentes particulares. (50%).
2- La disposición física del dispositivo en el circuito los modifica, especialmente la Y_{12}.
3 - Los parámetros suelen darse para la configuración emisor común.

Para realizar cortocircuitos en RF se colocan capacitores de valor adecuado para derivar la corriente alterna a masa. Un cortocircuito significa simplemente un valor de admitancia mucho mayor que los asociados al mismo, de manera que la corriente circulante por las demás ramas sea despreciable, es decir, mucho menor.

El modelo de transistor con parámetros admitancia puede representarse como:

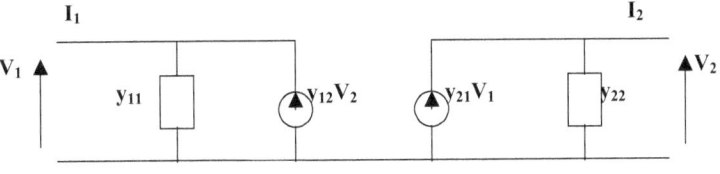

Figura 78

Diseño de Amplificadores con Parámetros Admitancia Y

Diseñar un amplificador de señal débil significa, a partir de las necesidades de un sistema determinado, definir las especificaciones fundamentales que suelen ser:

f_o: **Frecuencia central de trabajo.**
Z_g: **Impedancia de Generador.**
Z_L: **Impedancia de Carga.**
B: **Ancho de Banda.**
V_{cc}:   **Tensión de Alimentación disponible.**
Ganancia: **Potencia necesaria a la salida dividido potencia disponible de generador.**
N_s: **Número de ruido de la etapa.**
Consumo: **Máxima corriente disponible de fuente de alimentación.**

El problema del diseño en genral es sumamente complejo e implica un conjunto de compromisos entre prestaciones y costos que normalmente exceden el ámbito de lo técnico.

Basándonos en nuestra experiencia solemos decir que cuando tenemos completas las especificaciones de un proyecto, ya tenemos un 80% del diseño completo.

Partiendo de las especificaciones técnicas, los pasos a seguir son los siguientes:

1 – Selección y Cálculo de Componentes

La selección del transistor se realiza por :

1-Aplicación
2-Frecuencia
3-Ganancia (GUM > Ganancia especificada + Margen de ganancia)
4-Número de ruido

De acuerdo al transistor se fija el punto de trabajo adoptando los valores I_{CQ} y V_{CEQ} que nos recomienda el fabricante a través de las curvas características. Se recomienda observar detenidamente las hojas de datos que se presentan en el anexo del capítulo antes de continuar con la lectura.

Las curvas más comunes de RF nos dan los parámetros de admitancia de entrada, inversa, directa y de salida. (Y_{ie}, Y_{re}, Y_{fe}, Y_{oe}, para emisor común)

La corriente de polarización de colector a seleccionar para el amplificador debe ser para Y_{21} máxima, si se quiere alta ganancia de amplificador. Si se requiere un consumo pequeño se deberá trabajar con I_c pequeña. En caso de mínimo ruido se define la polarización por este parámetro. Se debe tener en cuenta que las curvas no son exactas y presentan una dispersión que puede llegar al ± 50% aproximadamente.

Llamamos Ganancia Unilateralizada Máxima, a la ganancia teórica máxima obtenible del dispositivo si suponemos que la admitancia de transferencia inversa es nula y las impedancias reflejadas de generador y de carga son complejas conjugadas de las admitancias de entrada y salida del transistor.

Se propone como ejercitación el cálculo de la expresión de la **GUM** a partir de su definición y el modelo presentado del transistor.

$$G_{UM} = \frac{|Y_{21}|^2}{4 * g_{11} * g_{22}}$$

2 – Trazado del Circuito

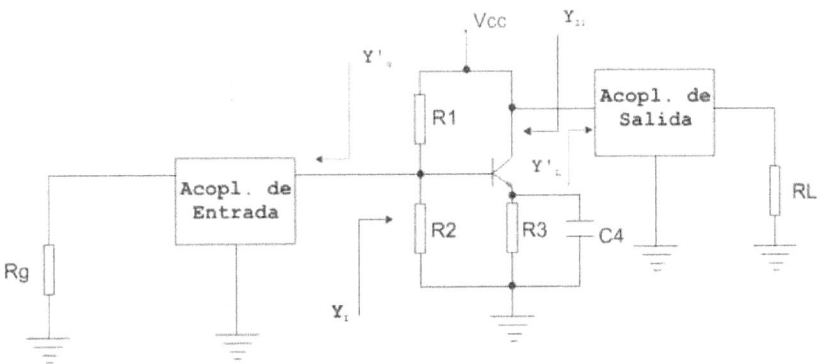

Figura 79

Las redes de acoplamiento de entrada y salida a utilizar dependen de la selectividad que se desea , de las relaciones de impedancias a obtener y de la frecuencia de trabajo.

3 – Análisis de Estabilidad

Siguiendo las sabias enseñanzas propuestas en las leyes de Murphy diremos que todo amplificador cuidadosamente diseñado para una frecuencia dada resultará en un fantástico oscilador en la frecuencia donde más daño puede hacer.

Y Murphy no habla en vano. Resulta que todos los modelos que usamos para describir el mundo que nos rodea son falsos, sólo que su falsedad no es absoluta, de ahí que nos sirvamos de ellos. Además sucede siempre que nos olvidamos de una parte de la realidad, o no la vemos y es allí donde Murphy llega al apoteosis, y es ésto lo que la ironía popular señala .

Sabemos que toda señal electromagnética se propaga de diversas maneras por el medio que la rodea. En el caso de un transistor bipolar existe, en la juntura colector-base polarizada inversamente, un capacitor de valor decreciente con la tensión inversa aplicada. Éste se modeliza mediante un parámetro de transferencia inversa, es decir, de realimentación. A ésta debe sumarse la capacidad parásita que depende de la ubicación física del transistor y sus elementos asociados y la radiación que puede captar la entrada desde la salida del amplificador. Ambos elementos son extremadamente difíciles de cuantificar, y son las causas de que Murphy sea tan popular en radiofrecuencias.

Y como nos enseña la teoría de control, toda vez que existe realimentación debe contemplarse la posibilidad de que ésta se torne positiva, produciendo la oscilación tan temida.

Sin dudas el método más difundido de evitarlas consiste en disminuir la ganancia del lazo, y esto suele conseguirse aumentando la carga a la salida, como veremos más adelante.

Estabilidad Absoluta: Criterio de Estabilidad de Linvill

Decimos que un dispositivo es intrínsecamente o incondicionalmente estable a una frecuencia y para una polarización determinadas si lo es para todos los valores posibles de la carga tanto de entrada como de salida. Puede demostrase que si se cumple la siguiente inecuación:

$$C = \frac{\left|Y_{fe} \times Y_{re}\right|}{2 \times g_{ie} \times g_{oe} - \mathrm{Re}(Y_{fe} \times Y_{re})} \triangleleft 1$$

Entonces el dispositivo será incondicionalmente estable. Si ésta condición no se cumple decimos que el dispositivo es "potencialmente inestable", esto significa que el amplificador puede oscilar para determinadas condiciones de carga de entrada y/o salida.

Estabilidad Relativa: Criterio de estabilidad de Stern

Cuando el criterio de Linvill no se satisface necesitamos un método que nos permita decidir si las condiciones de carga dadas el dispositivo será estable o cómo modificar las mismas para que lo sea.

Una alternativa para esto sería agregar una red de compensación de salida a entrada de manera que, para la frecuencia de trabajo, el dispositivo más esta red sean incondicionalmente estables. Este procedimiento suele llamarse neutralización. Esta solución es poco usada ya que suele conducir a inestabilidad en otras frecuencias. Otra solución usada es cambiar la polarización bajando Y_{21}.

Una solución frecuente consiste en buscar condiciones de carga del dispositivo que nos aseguren la estabilidad. El criterio de estabilidad de Stern nos permite obtener un valor para el producto de las conductancias vistas a la entrada y salida del transistor. Normalmente se define la conductancia de entrada para máxima ganancia (adaptación de impedancias a la entrada) o mínimo ruido, con lo que se utiliza la conductancia de salida para llevar el sistema a su condición de funcionamiento estable. Esto implica que no siempre se adapta impedancia a la salida, sino que se, en caso de ser necesario, se refleja una conductancia sobre el colector mayor que la que corresponde a la de máxima transferencia de energía para asegurar la estabilidad.

Presentamos un desarrollo que nos permite enternder en profundidad el significado de este Criterio de Estabilidad.

Podemos representar nuestro amplificador de la siguiente manera:

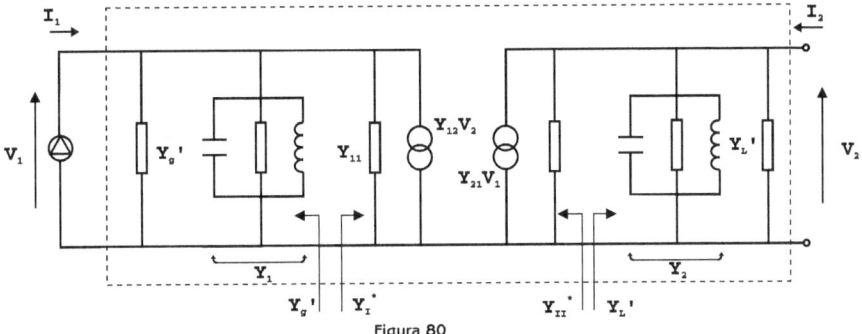

Figura 80

Donde:

Y'_g : Conductancia del generador reflejada en la base.

y_1 : Admitancia del circuito resonante de entrada reflejada a base.

Y_{ij} : Parámetros admitancia del transistor.

Y_I : Admitancia de entrada del amplificador.

Y_{II} : Admitancia de salida del amplificador.

y_2 : Admitancia del circuito resonante de salida reflejada en colector.

Y'_L : Admitancia de carga reflejada en colector.

Para el puerto de entrada:
$$I_1 = V_1(Y'_g+y_1+Y_{11}) + V_2Y_{12}$$
Para el puerto de salida:
$$I_2 = V_{1*}Y_{21} + V_{2*}(Y_{22}+y_2+Y'_L) = 0 \qquad \textbf{Nótese que no hay fuente de corriente conectada a la salida del circuito.}$$

Recordemos que no conectamos un generador a la salida, por lo que, en este análisis I_2 es nula. Llamaremos Y_1 a la suma de las admitancias de generador reflejada a base, más la del circuito paralelo sintonizado y más la de entrada del transistor denotadas por Y'_g, y_1 e Y_{11} respectivamente. De igual forma llamaremos Y_2 a la suma de las admitancias de carga reflejada, más la de pérdida del circuito sintonizado de salida, más la de salida del transistor, denotadas por Y'_L, y_2 y Y_{22}. Debemos recordar que **no nos referimos** a Y_I ni Y_{II} que son las admitancias de entrada y de salida que se ven sobre el transistor.

$$Y_1 = Y'_g+y_1+Y_{11}$$
$$Y_2 = Y'_L+y_2+Y_{22}$$

Así el sistema de ecuaciones queda :

$$I_1 = V_{1*}Y_1 + V_2*Y_{12}$$
$$I_2 = V_1*Y_{21} + V_{2*}Y_2$$

En forma general las admitancias pueden se expresadas de la siguiente forma :
$$Y = G + j\varpi C + 1/j\varpi L$$

sacando factor común **G**:

Y = G (1 + j(ϖC/G – 1/ ϖLG))

multiplicando y dividiendo por w_0 :

$$\mathbf{Y} = \mathbf{G} \times \left[1 + \mathbf{j} \left(\frac{\varpi_0 \mathbf{C}}{\mathbf{G}} \times \frac{\varpi}{\varpi_0} - \frac{1}{\varpi_0 \mathbf{LG}} \times \frac{\varpi}{\varpi_0} \right) \right]$$

donde ϖ_0C/G y $1/\varpi_0$LG son los **Q** cargados.

Sacando **Q** factor común y teniendo en cuenta que $(\varpi/\varpi_0 - \varpi_0/\varpi) = \beta$ (desintonía) entonces :

Y = G(1 + jQβ)

llamamos **X = βQ** por lo que :

Y = G(1 + jX)

$$\mathbf{I_1} = \mathbf{G_1}(1 + j\mathbf{X_1})_* \, \mathbf{V_1} + \mathbf{y_{12}} * \mathbf{V_2}$$
$$\mathbf{I_2} = \mathbf{y_{21}} * \mathbf{V_1} + \mathbf{G_2}(1 + j\mathbf{X_2}) * \mathbf{V_2}$$

Debe observarse que hemos hecho distinción entre **X** de entrada y salida ,debido a que los circuitos de entrada y salida pueden estar sintonizados a distinta frecuencias, siendo los **Q** distintos.

Expresemos ahora nuestro sistema en forma matricial

$$\begin{vmatrix} \mathbf{I_1} \\ \\ \mathbf{I_2} \end{vmatrix} = \begin{vmatrix} \mathbf{G_1(1+jX_1)} & \mathbf{y_{12}} \\ \\ \mathbf{y_{21}} & \mathbf{G_2(1+jX_2)} \end{vmatrix} \begin{vmatrix} \mathbf{V_1} \\ \\ \mathbf{V_2} \end{vmatrix}$$

Como debemos encontrar V_2

$$\mathbf{V_2} = \frac{\begin{vmatrix} \mathbf{G_1(1+jX_1)} & \mathbf{I_1} \\ \mathbf{Y_{21}} & \mathbf{0} \end{vmatrix}}{\begin{vmatrix} \mathbf{G_1(1+jX_1)} & \mathbf{Y_{12}} \\ \mathbf{Y_{21}} & \mathbf{G_2(1+jX_2)} \end{vmatrix}} = \frac{\mathbf{-Y_{21}*I_1}}{\triangle \mathbf{P}}$$

Como sabemos, la condición de oscilación es $\triangle$ **P = 0**

$$\triangle \mathbf{P} = \mathbf{G_1(1+jX_1)*G_2(1+jX_2)} - \mathbf{Y_{12}*Y_{21}} = 0$$

Si consideramos $\beta_1 = \beta_2$ y $Q_1 = Q_2$

entonces : $\mathbf{G_1 G_2 \, [1+jX]^2} = \mathbf{Y_{12}*Y_{21}}$

Dividiendo por $G_1 G_2$ obtenemos : $\left(1 + jX\right)^2 = \dfrac{Y_{21} Y_{12}}{G_1 * G_2}$

Tomando módulo y fase del segundo término de la igualdad

$$\frac{Y_{21} Y_{12}}{G_1 * G_2} = T_Y$$

El primer término es la ecuación de una parábola que desarrollada queda :

$$1 - X^2 + 2jX = (1 - X^2) + j\,(2X)$$

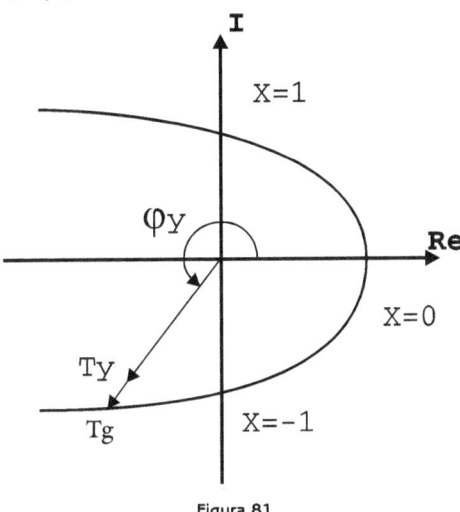

Figura 81

Cuando Ty toca la parábola, el amplificador oscila y a dicho valor lo llamamos **Tg** (Límite de estabilidad). Debe notarse que podemos modificar la amplitud de T_y mediante G_1 y G_2. Así:

$$\mathbf{T_g} = \frac{\left|Y_{21} Y_{12}\right|}{G_1 G_2} = \mathbf{T_y}$$

podemos escribir : $1 - X^2 + 2jX - Tg\; e^{\pm j\Phi_y} = 0$

igualando parte real y parte imaginaria :

$$1 - X^2 = T_g \cos \Phi_y$$

$$2jX = j\, T_g \operatorname{sen} \Phi_y$$

De este sistema de ecuaciones obtenemos **Tg** en funcion de Φ_y

$$T_g = \frac{2}{1 + \cos\Phi_y}$$ (Límite de estabilidad)Definimos así un factor de estabilidad K (llamado factor de Stern):

$$K = \frac{|T_g|}{|T_y|}$$

reemplazando:

$$K = \frac{\dfrac{2}{(1 + \cos\Phi_y)}}{\dfrac{|Y_{12}Y_{21}|}{G_1G_2}} \qquad \boxed{K = \frac{2G_1G_2}{(1 + \cos\Phi_Y)|Y_{21}Y_{12}|}}$$

Si **K** es mayor que 1 (uno) el amplificador es <u>estable.</u> Si **K** es menor o igual a 1 (uno) el amplificador <u>inestable.</u>

Recordando que: $G_1 = G'_g + g_1 + G_{11}$ $G_2 = G'_L + g_2 + G_{22}$ (g_1 y g_2 conductancias de pérdida) , manejando G_1 y / o G_2; a través de la impedancia reflejada del generador y / o de la carga, podemos lograr la estabilidad deseada. Lo usual, como vimos, es definir G_1 en función de mínimo ruido o máxima ganancia y ajustar la estabilidad con G_2. Los valores usuales de **K** varían entre 2 y 4. Si se adopta 2 se debe realizar un diseño muy cuidadoso ya que los componentes pueden tener una dispersión de hasta el 50% .

4 – Cálculo de Admitancias de Entrada (Y_I) y Salida (Y_{II})

Para el cálculo de las condiciones de operación del elemento activo consideramos las impedancias de generador y de carga "reflejadas" en base y colector respectivamente. Llamamos Y'_G a la admitancia vista desde la base del transistor hacia el generador, Y'_L a la admitancia vista desde el colector hacia la carga, Y_I a la admitancia vista desde la base del transistor hacia el mismo y finalmente Y_{II} a la admitancia de salida del transistor. Estas dos últimas dependen de las condiciones de carga de entrada y salida, como veremos.

En este caso consideramos que el transistor está configurado como emisor común por lo que:

$$Y_{11} = Y_{ie} \; ; \; Y_{22} = Y_{oe} \; ; \; Y_{21} = Y_{fe} \; ; \; Y_{12} = Y_{re} \; ;$$

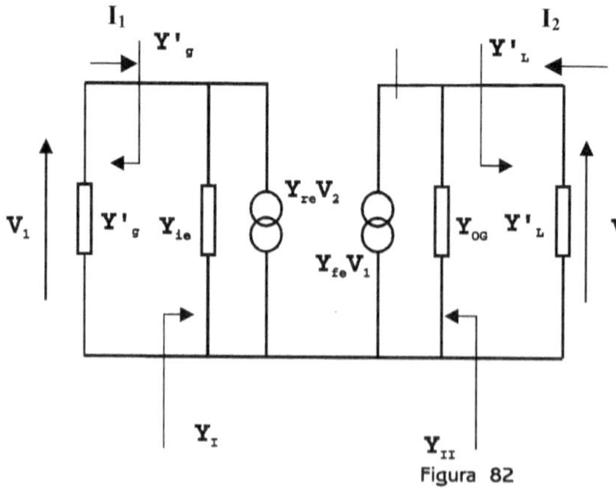

Figura 82

Nótese que en este caso consideramos I_2 como la opuesta de la corriente que circula por la carga.

$$I_1 = V_1 Y_{ie} + V_2 Y_{re} = - V_1 Y'_g$$
$$I_2 = V_1 Y_{fe} + V_2 Y_{oe} = - V_2 Y'_L$$

$$Y_1 = \frac{I_1}{V_1} = Y_{ie} + \frac{V_2}{V_1} Y_{re}$$

De la segunda ecuación: $V_1 Y_{fe} = -V_2 \left(Y_{oe} + Y'_L \right)$

$$\frac{V_2}{V_1} = -\frac{Y_{fe}}{Y_{oe} + Y'_L}$$

Entonces:

$$\boxed{Y_1 = Y_{ie} - \frac{Y_{fe} Y_{re}}{Y_{oe} + Y'_L}}$$

Análogamente:

$$\boxed{Y_{II} = Y_{oe} - \frac{Y_{fe} Y_{re}}{Y_{ie} + Y'_g}}$$

El problema es ahora determinar los valores de admitancia reflejada de fuente y de carga que debemos conectar en la entrada y la salida del elemento activo. En este punto dividimos el problema en tres tipos.

A – Máxima Ganancia

En este caso, planteando las condiciones de adaptación de impedancias tanto a la entrada como a la salida del elemento activo obtenemos un sistema de ecuaciones cuya solución es:

$$G'_G = \frac{\sqrt{\left[2 g_{ie} g_{oe} - \mathrm{Re}(Y_{fe} Y_{re})\right]^2 - \left| Y_{fe} Y_{re} \right|^2}}{2 g_{oe}}$$

$$B'_G = -j B_{ie} + \frac{\mathrm{Im}\left(Y_{fe} Y_{re}\right)}{2 g_{oe}}$$

$$G'_L = \frac{\sqrt{\left[2 g_{ie} g_{oe} - \mathrm{Re}(Y_{fe} Y_{re})\right]^2 - \left| Y_{fe} Y_{re} \right|^2}}{2 g_{ie}}$$

$$B'_L = -j B_{oe} + \frac{\mathrm{Im}\left(Y_{fe} Y_{re}\right)}{2 g_{ie}}$$

Debemos ahora verificar el valor del coeficiente Linville y , eventualmente, de Stern, si éste es mayor que 2 a 4 podemos dar por resuelto el problema. Si el coeficiente de Stern es menor que el margen de estabilidad elegido debemos corregir el diseño para asegurarlo. Recordemos que la estrategia consiste en disminuir la resistencia equivalente de salida. Como la hacerlo estamos modificando el valor de la admitancia de entrada, debemos recalcular ambas. Podemos utilizar un método iterativo para obtener los valores finales de ambas admitancias. El método que proponemos a continuación produce convergencia en dos o tres pasos.

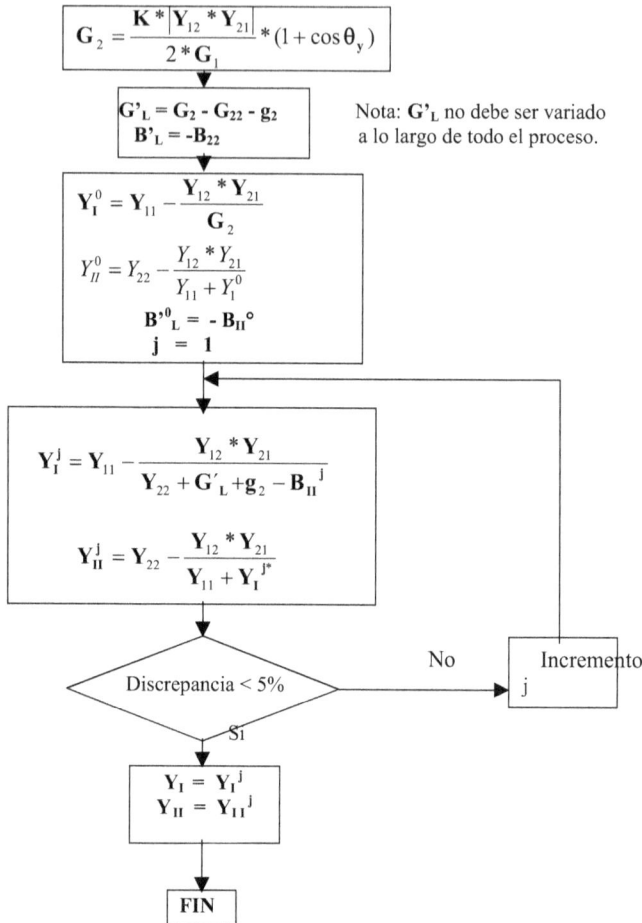

$$G_2 = \frac{K*|Y_{12}*Y_{21}|}{2*G_1}*(1+\cos\theta_y)$$

$$G'_L = G_2 - G_{22} - g_2$$
$$B'_L = -B_{22}$$

Nota: **G'$_L$** no debe ser variado a lo largo de todo el proceso.

$$Y_I^0 = Y_{11} - \frac{Y_{12}*Y_{21}}{G_2}$$

$$Y_{II}^0 = Y_{22} - \frac{Y_{12}*Y_{21}}{Y_{11}+Y_I^0}$$

$$B'^0_L = -B_{II}{}^\circ$$
$$j = 1$$

$$Y_I^j = Y_{11} - \frac{Y_{12}*Y_{21}}{Y_{22}+G'_L+g_2-B_{II}{}^j}$$

$$Y_{II}^j = Y_{22} - \frac{Y_{12}*Y_{21}}{Y_{11}+Y_I^{j*}}$$

Discrepancia < 5%

No → Incremento j

Si

$$Y_I = Y_I{}^j$$
$$Y_{II} = Y_{II}{}^j$$

FIN

B – Mínimo Ruido

En este caso obtenemos el valor de la admitancia reflejada en la entrada, Y´$_g$ de la hoja de datos del fabricante, con esto calculamos Y$_{II}$ a partir del valor mencionado y Y$_I$, haciendo Y´$_L$ el complejo conjugado de Y$_{II}$.

Verificamos estabilidad con los coeficientes de Linville y, de ser necesario, Stern y corregimos los valores de Y$_I$ y G´$_L$ si hiciera falta..

C – Máxima Ganancia para un número de Ruido Máximo admitido.

Calculamos para máxima ganancia y verificamos número de ruido, si éste es mayor que el especificado, desplazamos la admitancia reflejada de generador hasta un valor compatible con el número de ruido deseado, recalculando en cada caso.

5 – Cálculo de la ganancia del amplificador

A partir de la figura podemos calcular la ganancia final del amplificador en función de los elementos ya calculados:

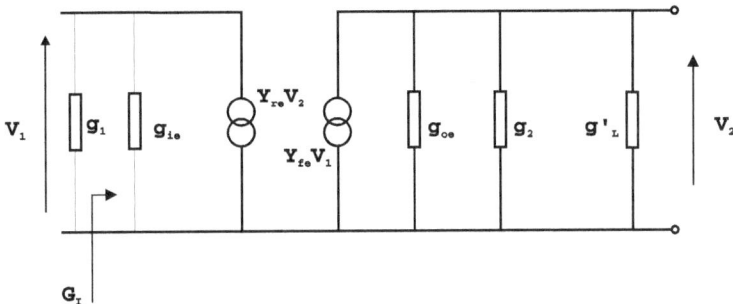

Figura 83

$$P_s = V_2^2 * G_L'$$

$$V_2 = -\frac{Y_{fe}*V_1}{G_2} \qquad \text{donde} \qquad G_2 = g_{oe} + g_2 + G_L'$$

$$P_e = V_1^2 * (G_I + g_1) \qquad \text{donde} \qquad G_I = \text{real } (Y_{ie} - (Y_{re}*Y_{fe})/(g_{oe} + G_L'))$$

con g_1 y g_2 conductancias de pérdida de los acoplamientos.

$$Gp = \frac{Ps}{Pi} = \frac{V_2^2 * G_L}{V_1^2 * (G_I + g_1)} = \frac{|Y_{fe}|^2 * G_L'}{G_2^2 * (G_I + g_1)}$$

$$\boxed{G_p = \frac{|Y_{fe}|^2 * G_L'}{G_2^2 (G_1 + g_1)}}$$

6 – Acoplamientos de Entrada y Salida

Para los cálculos de los circuitos de entrada y salida se elige entre los acoplamientos antes detallados y se debe tener en cuenta que el ancho de banda total queda definido por los dos circuitos resonantes que están en cascada. La característica pasa banda está dada por el producto de ambas, siendo el ancho banda resultante, menor que el de cada uno de ellos.

$B = B_i * (2^{1/N} - 1)^{\frac{1}{2}}$ con B especificado. El Q de cada circuito de acoplamiento será

$Q_i = f/B_i$

7 - Polarización

Presentamos a continuación un método simplificado que puede usarse si el ganancia estática de corriente del transistor (h_{fe}) es mayor que 50. Se elige en todos los casos el valor de resistencia normalizada mas próximo.

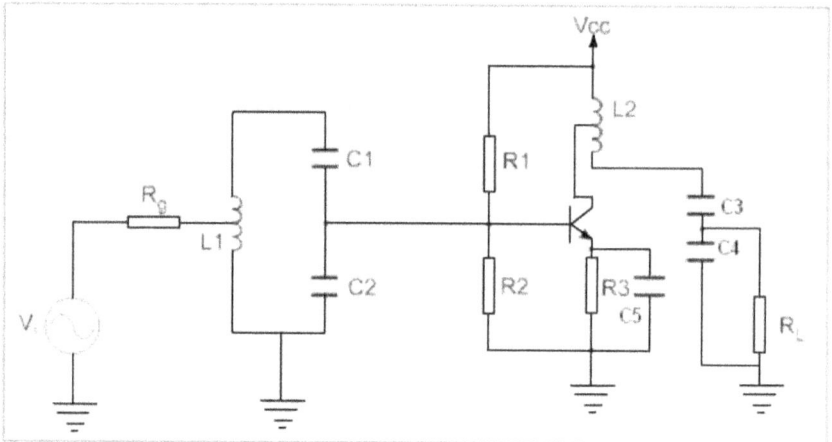

Figura 84

$$R_3 = \frac{V_{CC} - V_{CEQ}}{I_{CQ}} \qquad R_1 = \frac{h_{fe}R_3V_{CC}}{10(V_{EQ} + 0,7)} \qquad R_2 = \frac{h_{fe}R_3V_{CC}}{10(V_{CC} - V_{EQ} + 0,7)}$$

8 – Armado de Prototipo Mediciones y Ajustes

El armado del prototipo es una etapa no menor en la consecución del objetivo previsto y se necesita observar algunos aspectos prácticos para minimizar la diferencia entre el modelo de amplificador calculado y el del circuito armado, especialmente a frecuencias elevadas. Debe tenerse en cuenta que ninguno de los componentes que utilizamos para construir nuestro amplificador es completamente consistente con el modelo que usamos del mismo.

Mencionamos a continuación algunas de las principales dificultades que se nos pueden presentar por los motivos señalados:

- Un capacitor electrolítico es un inductor a partir de frecuencias del orden de los megaHertz.

- Toda línea de circuito impreso o pata de componente es un inductor de unos 10 nHy por centímetro de longitud.

- Dos líneas conductoras paralelas de 1 cm de longitud, separadas por 1 mm tienen una capacidad de dispersión de aproximadamente 0,5 pF (dependiendo del dieléctrico).

- Dos espiras de 1cm de diámetro colineales distanciadas 3cm tienen un factor de acoplamiento de K = 3E-3 aproximadamente.

- Toda línea conductora puede representarse por una antena que capta campos electromagnéticos circundantes.

- Toda medición es la suma de: magnitud que se desea medir +/- modificación producida por el instrumento de medición +/- ruido captado por el instrumento de medición.

- Un cable coaxil de Z_0=50 Ω y 1 m de longitud tiene una capacidad aproximada de 200 pF.

Estas son algunas de las consideraciones más importantes a tener en cuenta cuando se
pretende realizar un prototipo y medir su comportamiento. Debe recordarse que medir, siempre, es mentir, sólo que teniendo acotado el margen de la mentira.

De esto surgen algunos consejos prácticos que conviene recordar a la hora de sentarse en el banquillo de laboratorio.

Siempre que se usen sintonizados a la entrada y salida de un amplificador, mantener las bobinas alejadas y con sus ejes perpendiculares, en casos difíciles conviene incluso la realización de blindaje entre entrada y salida.

Utilizar en lo posible, tramos cortos de impreso para unir distintos puntos del circuito.

Utilizar toda la superficie libre a realizar un plano de masa que minimiza los acoplamientos de señales externas.

Colocar siempre un capacitor cerámico de 1 a 100 nF en paralelo con cada capacitor electrolítico.

Al realizar mediciones, incluir siempre el modelo de la carga que representan el instrumento y la punta de medición a la hora de interpretar los resultados.

La conexión de masa para realizar cualquier medición debe ser corta y conectarse cerca del punto de medición.

Diagrama de diseño con Parámetros "Y"

En la figura siguiente presentamos un diagrama de flujo que intenta presentar de manera simple y ordenada el proceso necesario para obtener un diseño confiable.

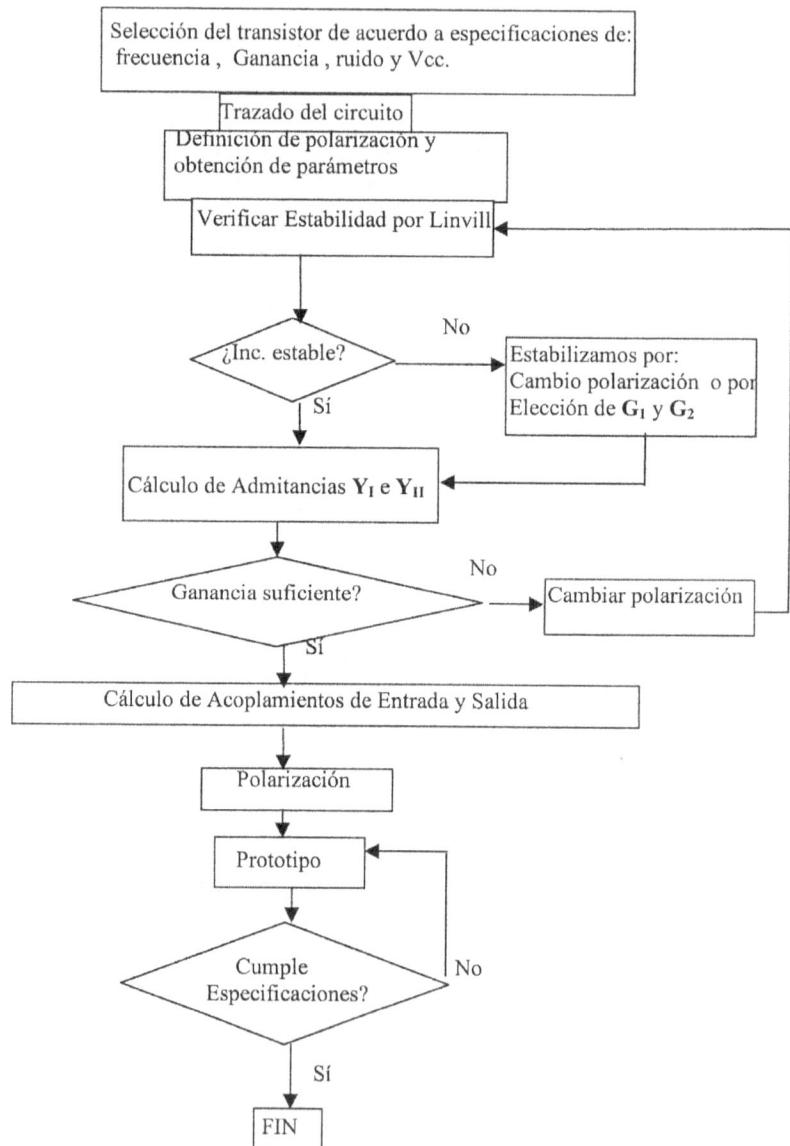

CAPÍTULO 7

EJEMPLO DE DISEÑO CON PARÁMETROS "Y"

Especificaciones:

$$R_g = 50$$
$$R_L = 220$$
$$f_0 = 200 \text{ MHz}$$
$$B = 6 \text{MHz}$$
$$G_{min} = 12 \text{dB}$$
$$N < 4,5 \text{ dB}$$

Selección del Transistor

Se selecciona de manera que GUM $>= G_{min} + 6$ dB $= 18$ dB

Transistor : **2N5179** Seleccionado por:

1 Aplicación en radiofrecuencia (producto ganancia ancho de banda 1,4 GHz)
2 Presenta parámetros Y para la frecuencia deseada.
3 Presenta información de número de ruido y éste es compatible con la especificación.
4 Disponible en el mercado.
5 GUM suficiente.

$$V_{ce} = 6 \text{ V}$$
$$I_c = 1,5 \text{ mA}$$
$$h_{fe} = 140$$

$$Y_{ie} = (2,5 + j7,5) \text{ m}\Omega^{-1}$$

$$Y_{fe} = 46 \angle 332^0 \text{ m}\Omega^{-1} = (40,62 - j21.60) \text{ m}\Omega^{-1}$$

$$Y_{re} = 707 \angle 262^0 \text{ }\mu\Omega^{-1} = (-100 - j700) \text{ }\mu\Omega^{-1}$$

$$Y_{oe} = (1,8+j0,20)m \, \Omega^{-1}$$

$$G_{UM} = 10 * \log_{10}\left(\frac{|Y_{fe}|^2}{4 * g_{ie} * g_{oe}}\right) = 20,7 \, dB$$

Puede satisfacer los requerimientos de ganancia especificados, porque el margen de 8,7 dB nos asegura la ganancia.

Trazado del Circuito

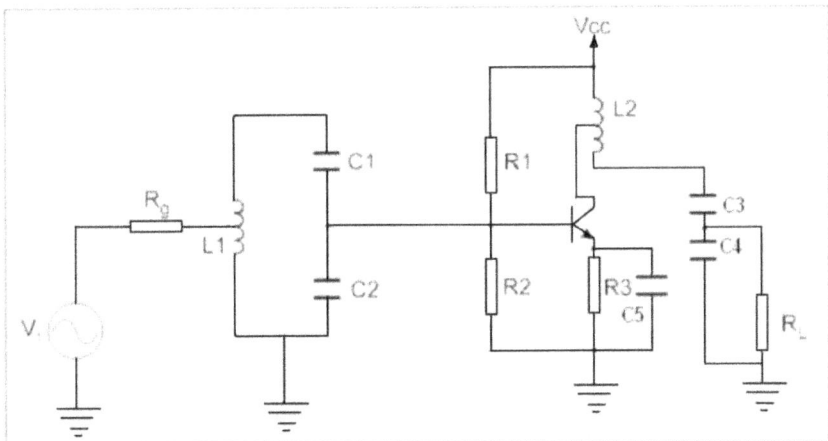

Figura 85

Estabilidad

$$C = \frac{|Y_{fe}Y_{re}|}{2g_{ie}g_{oe} - \text{Re}(Y_{fe}Y_{re})}$$

C = 1.1543 El amplificador es potencialmente inestable.

De la curva de ruido del transistor elegimos Rg = 200 ohm, lo que asegura la figura de ruido deseada.

Gg = 0.005   Bg = 0

$Y_{II} = Y_{oe} - Y_{fe} * Y_{re} / (Y_{ie} + Y_g) = 0.0049 + j0.0007$

Si adaptamos a la salida haciendo $Y'_L = Y_{II}{}^*$ obtenemos:

$Y_I = Y_{ie} - Y_{fe} {*} Y_{ie}/(Y_{oe} + conj(Y_{II}))$

$Y_I = -0.0328 - 0.0314i$

Verificamos estabilidad por Stern

$G_1 = real\ (Y_{ie}) + 1.1{*}real(Y_g)$
$G_2 = real(Yoe) + real(YII)$
$K = 2{*}G_1{*}G_2/((1 + cos(FI_f + FI_r)){*}norm(Y_{fe}{*}Y_{re})) = \mathbf{1,74}$

Corregimos el valor de G_L para obtener un valor de K mayor o igual que 3 (recordemos que tenemos amplio margen de ganancia)

$G_2 = 3{*}(1 + cos(FI_f + FI_r)){*}norm(Y_{fe}{*}Y_{re})/(2{*}G_1) = 0.0115$

$G'_L = G_2 - real(Y_{oe}) = 0.0097$

Quedan entonces definidas las conductancias de generador y de carga. Debemos determinar entonces las suceptancias correspondientes calculando iterativamente hasta obtener convergencia.

$Y_I = Y_{ie} - Y_{fe}{*}Y_{re}/(G_2 - j{*}imag(Y_{II}))$
$Y_{II} = Y_{oe} - Y_{fe}{*}Y_{re}/(G_1 - j{*}imag(Y_I))$

Tomamos el opuesto de la parte imaginaria para obtener sintonía, es decir, la suma de partes imaginarias tanto a la entrada como a la salida del transistor nulas.

$Y^0_I = 0.0040 + 0.0096i$
$Y^0_{II} = 0.0012 + 0.0027i$

$Y^1_I = 0.0036 + 0.0097i$
$Y^1_{II} = 0.0012 + 0.0027i$

$\mathbf{Y_I = 0.0036 + 0.0097i}$
$\mathbf{Y_{II} = 0.0012 + 0.0027i}$ Obtenemos convergencia en la tercera iteración.

$\mathbf{Y'_g = 0.005 - 0,0097i}$
$\mathbf{Y'_L = 0.0097 - 0.0027i}$

Como podemos ver, no hay adaptación de impedancias a la entrada ni a la salida del transistor.

Cálculo de ganancia

$G_w = norm(Y_{fe})^2{*}G_L/((G_2)^2{*}(real(Y_I) + 0.1{*}real(Y_g)))$

$G_w = 38.0721 = 15,81dB$

En este cálculo no se han tenido en cuenta las pérdidas en los acoplamientos que pueden ser de aproximadamente 2 a 3 dB.

Polarización

Utilizamos el criterio de resistencia de emisor para estabilizar la corriente de colector tomando una tensión de emisor de 220mV, que modifica en menos del 5% la tensión colector emisor propuesta y nos permite una estabilidad térmica de alrededor del 1% /°C.

De esta manera: R_E=0,22/.0015=146,7 Ohm. Tomamos 150 Ohm.

$$R_1 \le \frac{h_{fe}R_E V_{CC}}{10\left(V_{EQ} + 0,7\right)} = 13700 \text{Ohm} \qquad R_2 \le \frac{h_{fe}R_E V_{CC}}{10\left(V_{CC} - V_{EQ} + 0,7\right)} = 2480 \text{Ohm}$$

Elegimos R_1=15K y R_2=2,7k con lo que la corriente de la red de polarización será de 339uA.

Cálculo de los Acoplamientos

$$B_i = \frac{B}{(2^{1/n} - 1)^{1/2}} = 9,3 \text{ MHZ}$$

B_i : Ancho de banda de cada circuito de acoplamiento
n : Número de acoplamientos

$Q_i = f_0/B_i = 21,45$

Acoplamiento de Salida

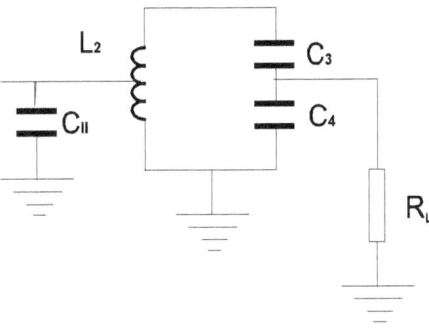

Figura 86

$$Y'_L = (9,7 - j2,7) \text{ m}\Omega^{-1}$$
$$Y_{II} = (1,2 + j2,7) \text{ m}\Omega^{-1}$$

C_{II} representa la componente reactiva de la admitancia de salida del transistor.

$$C_{II} = \text{imag}(Y_{II})/2\pi f = 2,15 \text{ pF}$$

Adoptamos L=15 nHy .

$$Q = 1/\varpi_0 L G_P$$
$$G_P = 1/(2*\pi*2*10^8*15*10^{-9}*21,45) = 2,47 \text{ mMho}$$

Reflejamos salida y carga en paralelo con L_2.

$$G_P = 2,47 \text{ mMho} = G_{IIP} + G_{LP} + g_{\text{pérdida}}$$

Estimamos $g_{per} = 0,1 \ G_{LP}$ (rendimiento del 90% en el acoplamiento)

$$G_{IIP}/G_{LP} = \text{real}(Y_{II})/\text{real}(Y'_L)$$

$$G_{IIP} = G_{LP} * \text{real}(Y_{II})/\text{real}(Y'_L) = 0,124 \ G_{LP}$$

$$G_P = 1,224 \ G_{LP}$$

$$G_{LP} = 2,02 \text{ mMho}$$

$$G_{IIP} = 0,25 \text{ mMho}$$

$$C_T = \frac{1}{(2*\pi*f_0)^2 * L_2} = 42,2 \text{ pF}$$

$n_{II} = (\text{real}(Y_{II})/G_{IIP})^{0,5} = 2,19$ (**Relación de transformación de colector**)

$n_L = (\text{real}(Y_L)/G_{LP})^{0,5} = 1,50$ (**Relación de transformación de carga**)

Cálculo de C_3 y C_4

$$C_{3-4} = C_T - C_{II}/(n_{II})^2 - C_{par} = 41,2 \text{ pF}$$

Como $Q_i > 10$ entonces se pueden utilizar fórmulas aproximadas.

$$R_L = 220$$

$$C_4 = n_L * C_{3-4} = 1,50*41,2 = 61,9 \text{ pF}$$

Esta capacidad se obtiene mediante un capacitor de 56 pF en paralelo con un trimmer de 3 a 15 pF.

$$C_3 = C_4 / (n_L - 1) = 61,9\text{pF} / (1,50 - 1) = 123,7 \text{ pF}$$

Instalamos 100 pF con un trimmer de 5 a 35 pF.

estimamos $K = (G_{II}/G_{IIP})^{1/2} = 0,676$

$$\frac{N}{N'} = K \cdot (G_{II}/G_{IIP})^{1/2} = (G_{II}/G_{IIP})^{1/4} = 1,76$$

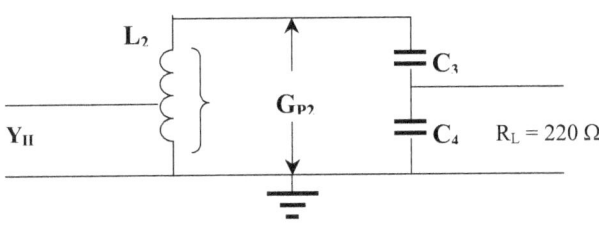

Figura 87

Acoplamiento de entrada

$B_i = 9,3$ **MHZ**

$Y'_G = 8,7 - j9,8 m\Omega^{-1}$

$Q_i = 21,45$

Adoptando $L_1 = 15$ **nHy**

Entonces $C_T = 42,2$ **pF** (para sintonizar con L_1)

y $G_P = 1/\varpi_0 L \, Q = 2,47$ mΩ^{-1} (para que el Q cargado sea 21,45)

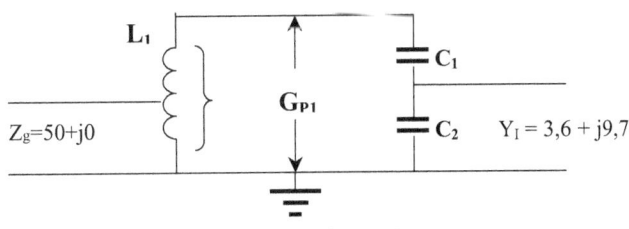

Figura 88

$G_{P1} = G_{gP} + G_{IP} + G_o = 0,00247$
$G_{gP} = G_{IP} * G'_g/G_I = 1,39 \, G_{IP}$
$G_o = 0,1 G_{IP}$
$1,49 \, G_{IP} = 0,00247$
$G_{IP} = 0,000992$ Mho
$G_{gP} = 0,001380$ Mho

$n_g = (G_g/G_{gP})^{\wedge}0,5 = 3,8$
$n_l = (G_l/G_{lP})^{\wedge}0,5 = 1,91$

$\qquad$ Estimando $K = n^{-1/4} = 0,513$

$N/N' = K*(G_g/G_{gP})^{1/2} = 1,95$

$C_l = imag(Y_l)/2\pi f = 7,72 \ pF$

Como $Q_i > 10$ entonces se pueden utilizar las fórmulas aproximadas.

$C_2' = n_l * C_T = 1,95*42,2pF = 80,4 \ pF$
Al valor de C_2' hay que restarle la capacidad vista hacia la entrada del amplificador (C_l).
$C_2 = C_2' - C_l = 72,7 \ pF$
Este valor se obtiene mediante un capacitor de 68 pF en paralelo con un trimmer de 3 a 15 pF

$C_1 = C'_2 /(n_l * - 1) = 84,64$

Colocamos un capacitor de 68 pF con un trimmer de 5 a 25pF.

$\qquad$ A continuación transcribimos las expresiones que nos permiten el cálculo completo de esta etapa amplificadora con MATLAB.

```
Gum=10*log10(norm(Yfe)^2/(4*real(Yie)*real(Yoe)))

C=norm(Yfe*Yre)/(2*real(Yie)*real(Yoe)-real(Yfe*Yre))

Gg=sqrt((2*real(Yie)*real(Yoe)-real(Yfe*Yre))^2-norm(Yfe*Yre)^2)/(2*real(Yoe))

Gl=sqrt((2*real(Yie)*real(Yoe)-real(Yfe*Yre))^2-norm(Yfe*Yre)^2)/(2*real(Yie))
Bg=-imag(Yie)+imag(Yfe*Yre)/(2*real(Yoe))

Bl=-imag(Yie)+imag(Yfe*Yre)/(2*real(Yie))

Gp=norm(Yfe)^2*Gl/((real(Yoe)+1.1*Gl)^2*(1.1*Gg))

GpdB=10*log10(Gp)

Yie = (2.5+7.2j)*1e-3
Yfe = (40.62-21.60j)*1e-3
Yre = (-100 – 700j)*1e-6
Yoe = (1.8+0.20j)*1e-3

Fif=angle(Yie)
Fir=angle(Yre)
Gum=10*log10(norm(Yfe)^2/(4*real(Yie)*real(Yoe)))
```

%para Estabilidad Incondicional y máxima ganancia
C=norm(Yfe*Yre)/(2*real(Yie)*real(Yoe)-real(Yfe*Yre))

Gg=sqrt((2*real(Yie)*real(Yoe)-real(Yfe*Yre))^2-norm(Yfe*Yre)^2)/(2*real(Yoe))

Gl=sqrt((2*real(Yie)*real(Yoe)-real(Yfe*Yre))^2-norm(Yfe*Yre)^2)/(2*real(Yie))

Bg=-imag(Yie)+imag(Yfe*Yre)/(2*real(Yoe))

Bl=-imag(Yie)+imag(Yfe*Yre)/(2*real(Yie))

Gp=norm(Yfe)^2*Gl/((real(Yoe)+1.1*Gl)^2*(1.1*Gg))

GpdB=10*log10(Gp)

%para mínimo ruido se obtiene del fabricante el valor Ygn correspondiente
Yn=0.005
Yg= Yn

YII=Yoe-Yfe*Yre/(Yie+Yg)
YI = Yie –Yfe*Yie/(Yoe+conj(YII))

%verificación por Stern

G1=real (Yie)+1.1*real(Yg)
G2=real(Yoe)+real(YII)
K=2*G1*G2/((1+cos(Fif+Fir))*norm(Yfe*Yre))

%ajustamos valor de G2 tomando K=3
G1=real (Yie)+1.1*real(Yg)
G2=3*(1+cos(Fif+Fir))*norm(Yfe*Yre)/(2*G1)
GL=G2-real(Yoe)

YI=Yie-Yfe*Yre/(G2-j*imag(YII))
YII = Yoe-Yfe*Yre/(G1-j*imag(YI))

Gp=norm(Yfe)^2*GL/(G2^2*(real(YI)+0.1*real(Yg)))
GpdB=10*log10(Gp)

Simulación

En la figura siguiente mostramos el circuito utilizado para simular el diseño con el programa Protel 99SE. El transistor MPS5179 tiene las mismas especificaciones que el seleccionado con la diferencia de que contamos con el modelo PSPICE en la librería del programa. Los valores de 3,8k en paralelo con los sintonizados de entrada y de salida corresopnen a una estimación de un Q_0 de las bobinas de aproximadamente 200.

Los valores del factor de acoplamiento K se tomaron iguales ambos a 0,5 por simplicidad en la simulación.

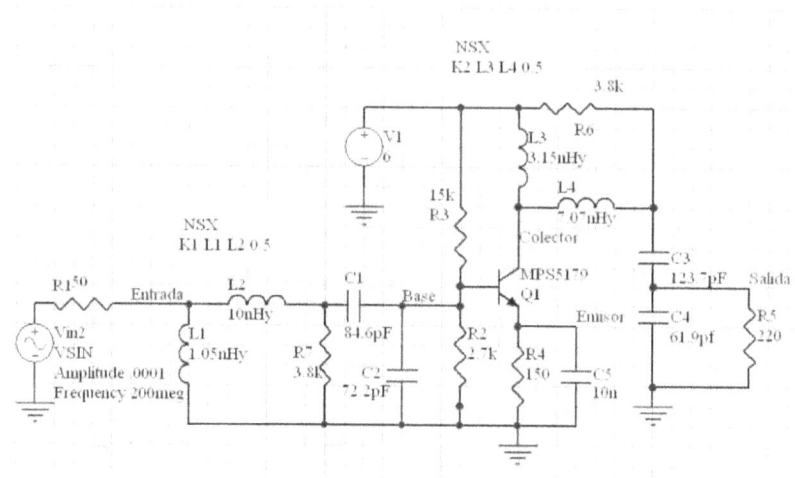

Figura 89

De los resultados de la simulación en la figura siguiente podemos observar que $f_0 = 199,89$ MHz, la entrada está sintonizada a 199,3 MHz y presenta a la frecuencia f_0 una resistencia de 48,4 Ohm dado que la amplitud del generador es de 100uV.

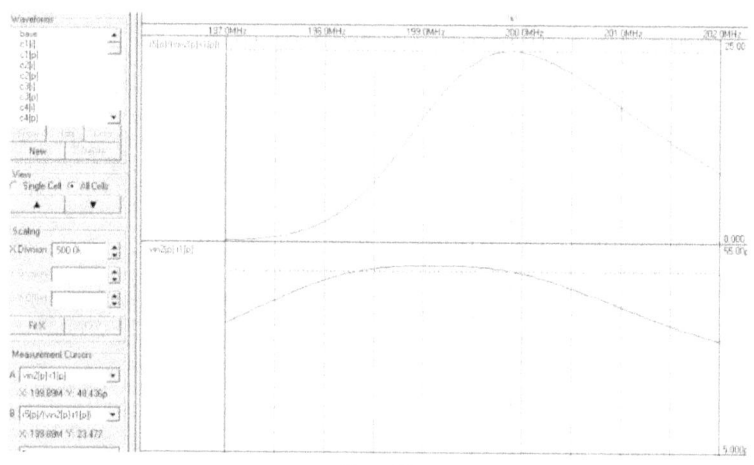

Figura 90

La máxima ganancia de potencia se produce en 199.89Mhz MHz y alcanza las 23,477 veces o 13,7dB que resulta algo menor que los 15,81dB calculados sin contar las pérdidas. Habiendo considerado un rendimiento del 90% en cada acoplamiento deberíamos descontar 2 dB a la ganancia calculada con lo que la discrepancia en este caso sería de sólo 0,1 dB.

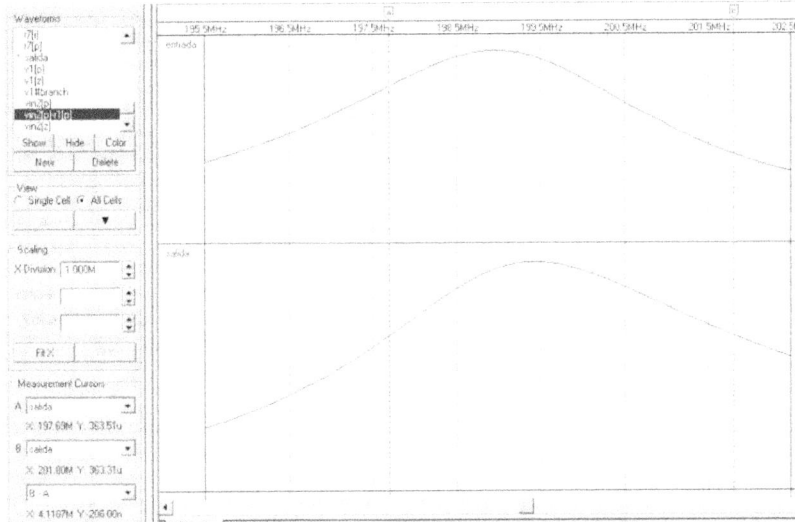

Figura 91

Tomando la caída de 3dB respecto de la máxima ganancia de tensión obtenemos un ancho de banda de 4,11 MHz, menor que lo previsto por lo que deberían hacerse ajustes en los acoplamientos, especialmente en la salida, disminuyendo la resistencia reflejada de carga sobre el tanque de salida. Esto contribuiría también a mejorar el margen de estabilidad.

CAPÍTULO 8

INTRODUCCIÓN A LOS PARÁMETROS DISPERSIÓN "S"

Se plantea la cuestión de elegir con qué tipo de parámetros caracterizamos los elementos activos y pasivos que utilizamos con el objeto describir su comportamiento y diseñar amplificadores con ellos. Estamos acostumbrados a utilizar los parámetros Impedancia "Z" y los parámetros Admitancia "Y".

Los parámetros "**Z**" son utilizados para describir la respuesta de un circuito, a la excitación de una corriente. Para determinar los parámetros **Z** se conecta una fuente de corriente en un par de terminales y cargando con una resistencia infinita (circuito abierto) el otro par de terminales se mide la tensión sobre la salida. (Impedancia de transferencia)

Luego los parámetros **Z** serán iguales a las relaciones entre las tensiones medidas y la corriente aplicada.

Los parámetros "**Y**" son usados para describir la respuesta de un circuito a la excitación de una fuente de tensión ideal. Colocando una fuente de tensión ideal en un par de terminales y cargando con una resistencia igual a cero (cortocircuito) el otro par de terminales, se mide la corriente que circula a través de ese cortocircuito, luego:

Los parámetros "**Y**" son las relaciones entre las corrientes medidas y la tensión de referencia de la fuente ideal aplicada.

A medida que aumenta la frecuencia de trabajo es más difícil medir tensiones o corrientes en un puerto de un cuadripolo, y también es difícil de implementar un cortocircuito o un circuito abierto. Tengamos en cuenta que "cortocircuito" se traduce como impedancia de un valor suficientemente pequeño como para cometer un error menor que cierto margen dado al considerarlo nulo y circuito abierto es una impedancia suficientemente grande como para que el error sea aceptable cuando considermaos dicho valor infinito.

a - Para tener una idea, 10 mm de alambre recto en aire representan una inductancia de aproximadamente 1 nHy. Si deseamos realizar un cortocircuito en un punto del circuito donde la impedancia es de unos 50 Ohm y estamos realizando cálculos con una precisión de un 1%, entonces un "cortocircuito" significará una impedancia de módulo menor o igual que 0,05 Ohm. Calcular hasta qué frecuencia puede considerarse un cortocircuito dicho tramo de alambre en estas condiciones.

$$\omega * L \leq 0.05 \Rightarrow \omega \leq \frac{0.05}{1*10^{-9}} = 50*10^6 \, rad / seg = 8Mhz$$

b - Un valor típico de capacitancia parásita entre dos conductores de 10 mm separados 1mm se de aproximadamente un picofaradio. Calcular hasta qué frecuencia puede cosiderarse circuito abierto esta condición para la precisión mencionada.

$$\frac{1}{\omega}*10^{-12} \leq 50000 \Rightarrow \omega \leq \frac{1}{5}*10^{-8} = 20*10^6 \, rad / seg = 3,2MHz$$

En altas frecuencias, se utilizan los parámetros "**S**" que están basados en el análisis de los flujos de potencia en líneas de transmisión.

Tensión incidente y tensión reflejada

Recordemos que la Impedancia Característica $\mathbf{Z_0}$ de un cuadripolo es aquella que conectada a la salida del mismo produce una impedancia de entrada del conjunto igual a la misma independientemente del par de puertos que se consideren como entrada y salida. Es decir, este concepto existe sólo para cuadripolos "simétricos", caso típico el de las líneas de transmisión.

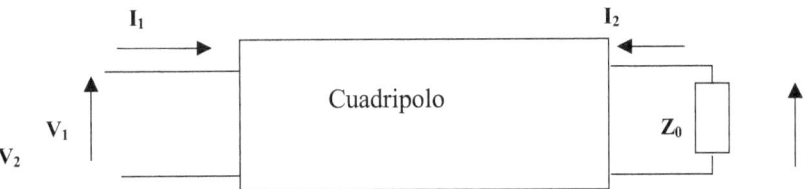

Figura 92

Para este caso $\quad \frac{V_1}{I_1} = \frac{-V_2}{I_2} = Z_0$

Podemos redefinir la manera de caracterizar un cuadripolo cualquiera cargado con una impedancia arbitraria $\mathbf{Z}$ de la siguiente forma:

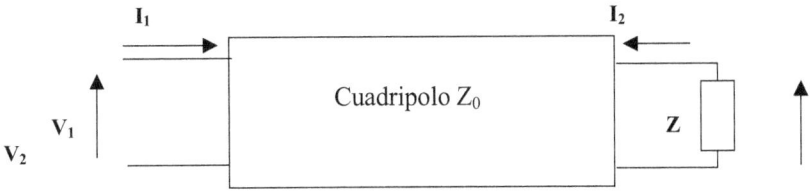

Figura 93

$$E_{i1} = \frac{V_1 + Z_0 * I_1}{2} \qquad\qquad E_{r1} = \frac{V_1 - Z_0 * I_1}{2}$$

$$E_{i2} = \frac{V_2 + Z_0 * I_2}{2} \qquad\qquad E_{r2} = \frac{V_2 - Z_0 * I_2}{2}$$

Donde Z_0 es la impedancia característica de la línea que usamos para conectar nuestro cuadripolo, y llamamos E_i Tensión Incidente y E_r Tensión Reflejada.

Podemos de esta manera omitir las tensiones y corrientes convencionales por tensiones incidentes y reflejadas.

Recordemos también que para cuadripolos pasivos Z_0 es un número real positivo, es decir, una resistencia.

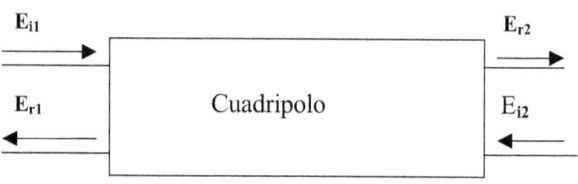

Figura 94

Esta forma de presentar un cuadripolo tiene que ver con la descripción del comportamiento de líneas de transmisión, donde las mediciones de tensión y corriente pierden sentido o son muy difíciles de realizar. En el campo de UHF en adelante, uno de los instrumentos más precisos y confiables es el Vatímetro Direccional, que nos permite medir potencias incidentes y reflejadas en una línea de transmisión.

Coeficiente de reflexión

Se define coeficiente de reflexión de entrada (Γ_1) y de salida (Γ_2) de un cuadripolo de la siguiente manera:

$$\Gamma_1 = \frac{E_{r1}}{E_{i1}} = \frac{V_1 - Z_0 * I}{V_1 + Z_0 * I} \qquad\qquad \Gamma_2 = \frac{E_{r2}}{E_{i2}} = \frac{V_2 - Z_0 * I_2}{V_2 + Z_0 * I_2}$$

De las ecuaciones que lo definen, dividiendo numerador y denominadro por I puede deducirse que:

$$\Gamma = \frac{E_r}{E_i} = \frac{V/_I - Z_0}{V/_I + Z_0} = \frac{Z - Z_0}{Z + Z_0}$$

Llamaremos impedancia normalizada al cociente entre una impedancia cualquiera y el de la impedancia característica de la línea de transmisión que utilizamos.

Entonces: $\qquad Z_N = \frac{Z}{Z_0} \qquad$ o sea $\qquad \Gamma = \frac{Z_N - 1}{Z_N + 1}$

Puede demostrarse que si Z_0 es un entero positivo, la función gamma que acabamos de definir es una transformación conforme que aplica todo el semiplano derecho del plano complejo de impedancias dentro del círculo de radio unitario y centrado en el origen. Justamente el origen del plano complejo gamma corresponde a la impedancia real Z_0, como puede verse reemplazando Z_N por uno en la fórmula.

El segmento del eje real de gamma –1:1 corresponde al semieje real positivo del plano de las impedancias.

Si en este círculo se trazan las imágenes de rectas de reactancia constante y de resistencia constante se obtienen círculos. De esta manera se construye la herramienta de cálculo gráfico llamada Carta de Smith, de gran aplicación en los diseños de RF.

Ejemplo n° 15

Calcular el coeficiente de reflexión a la salida de una línea transmisión de 75 Ohm de ¼λ alimentada con un generador cuya impedancia es de 75 Ohm y cargada con una resistencia de 37 Ohm en paralelo con un inductor de 0,15 uHy a 120 MHz.

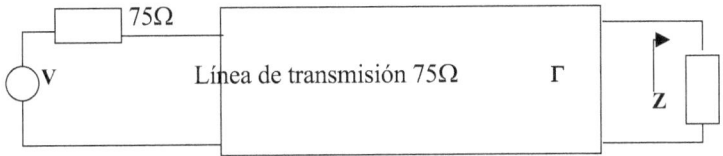

Figura 95

Z = (33.4228 +10.9343i) Ohm = 35,16∠18,11° Ohm

Γ = -0.3695 +J 0.1381 – 0,3945 ∠159.51°

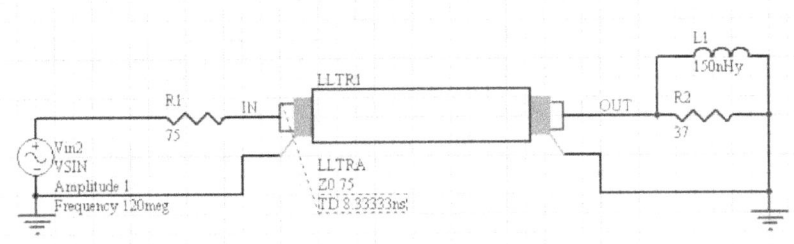

Figura 96

En la figura siguiente mostramos el comportamiento temporal de la entrada y la salida, podemos constatar el retardo correspondiente a medio período en la estabilizaciòn de la señal a la entrada de la línea de transmisión.

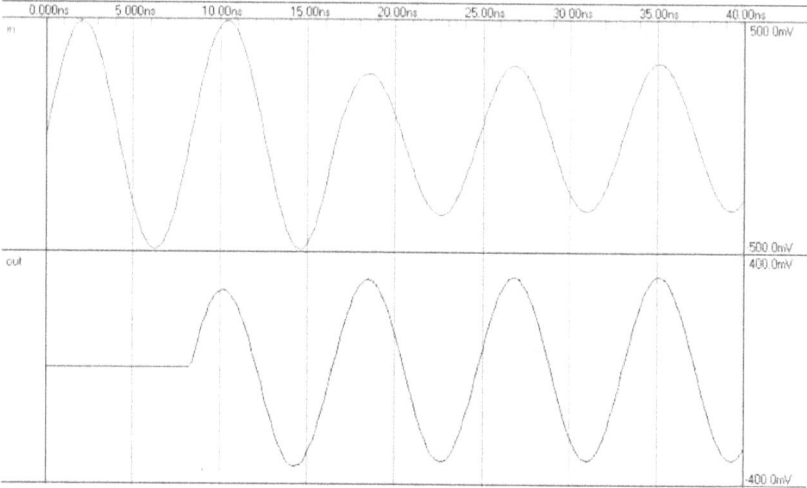

Figura 97

Definición de Parametros de Dispersión "S"

Teniendo en cuenta las definiciones planteadas podemos rescribir las ecuaciones del cuadripolo tomando como variables a las tensiones incidentes y reflejadas en cada puerto en vez de las tensiones y corrientes convencionales:

$$E_{r1} = s_{11} * E_{i1} + s_{12} * E_{i2}$$

$$E_{r2} = s_{21} * E_{i1} + s_{22} * E_{i2}$$

Si cargamos la salida con Z_0, E_{i2} se hace cero con lo que podemos despejar

$$s_{11} = \frac{E_{r1}}{E_{i1}} \bigg|_{Ei2=0}$$

| **Coeficiente de reflexión de entrada** |
| con salida cargada con Z_0 |

$$s_{21} = \frac{E_{r2}}{E_{i1}} \bigg|_{Ei2=0}$$

| **Coeficiente de transmisión directa** |
| con salida cargada con Z_0 |

Invirtiendo la conexión:

$$S_{12} = \frac{E_{r1}}{E_{i2}} \quad {\scriptstyle Ei1=0}$$

Coeficiente de transmisión inversa
con la entrada cargada con Z_0

$$S_{22} = \frac{E_{r2}}{E_{i2}} \quad {\scriptstyle Ei1=0}$$

Coeficiente de reflexión de salida
con la entrada cargada con Z_0

Debe resaltarse que los parámetros que describen el comportamiento de un transistor son funciones de sus condiciones de polarización y frecuencia de trabajo.

Medición de los parámetros "S"

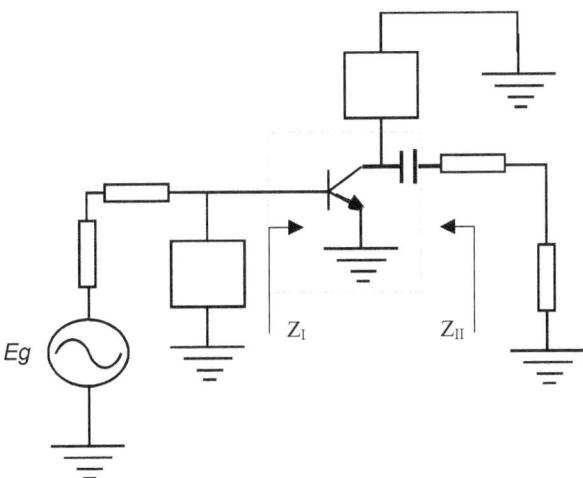

Figura 98

En el campo de altas frecuencias es muy difícil conseguir un verdadero cortocircuito o un circuito abierto debido a la inductancia de cortocircuito y a las capacidades parásitas que se tienen en un circuito abierto. A título de ejemplo, 1 cm de conductor al aire presenta una inductancia de aproximadamente 10 nHy, lo que a 1 GHz significa una impedancia de $j62,8 \ \Omega$. Una reducida capacidad de dispersión puede alcanzar fácilmente 1 pF, lo que a la misma frecuencia implica una impedancia de 159 Ω.

Es por estas razones que cobran importancia los parámetros de dispersión "S" (de scattering), que relacionan tensiones incidentes y reflejadas del cuadripolo. La medición de estos parámetros requiere que el transistor esté cargado con un valor de impedancia característica . El valor más difundido para Z_0 es de 50 Ω. Esta es una condición de carga muy ventajosa ya que es sencilla de obtener y repetir, además de resultar sencillo y confiable el procedimiento de medición.

Ésta es la condición fundamental por la que se emplean estos parámetros desde los 100 MHz en adelante, aunque se presenta una zona de cubrimiento entre los 100 y los 300 MHz donde los parámetros "Y" también se utilizan.

CAPÍTULO 9

Ecuaciones para el Cálculo de Amplificadores con Párametros "S"

Veremos ahora cómo utilizar las definicones vistas para calcular los distintos elementos que se necesitan para diseñar un amplificador sintonizado.

Cálculo de Γ_I y Γ_{II}

Para poder calcular las redes de acoplamiento de entrada y salida se calcula Z_I a partir del coeficiente de reflexión Γ_I visto desde la entrada con la salida cargada con Z_L

$$\Gamma_I = \frac{Z_I - Z_0}{Z_I + Z_0}$$

Donde Z_0 es la impedancia característica para la medición de los parámetros **S**

De aquí: $(Z_I + Z_0)\Gamma_I = Z_I - Z_0 \blacktriangleright Z_I * \Gamma_I + Z_0 * \Gamma_I = Z_I - Z_0 \blacktriangleright Z_0 + Z_0 * \Gamma_I = Z_I - Z_I * \Gamma_I$

$$Z_I = Z_0 * \frac{1 + \Gamma_I}{1 - \Gamma_I} \qquad \text{Análogamente} \qquad Z_{II} = Z_0 * \frac{1 + \Gamma_{II}}{1 - \Gamma_{II}}$$

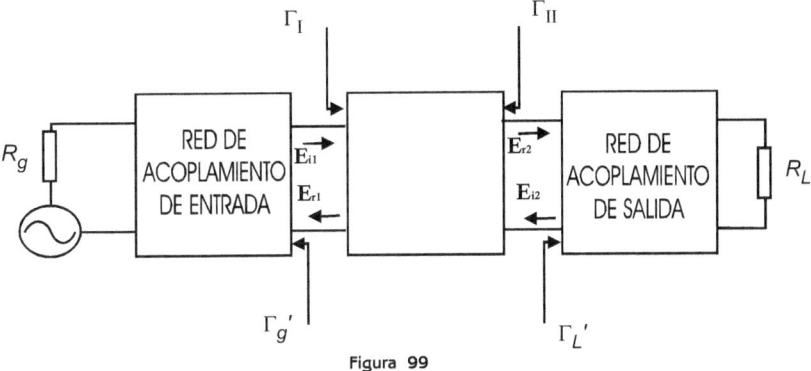

Figura 99

De las ecuaciones generales del cuadripolo:

$$E_{r1} = s_{11} * E_{i1} + s_{12} * E_{i2}$$
$$E_{r2} = s_{21} * E_{i1} + s_{22} * E_{i2}$$

Recordemos que el "Coeficiente de Reflexión" es la relación entre la "tensión reflejada" y la "tensión incidente", observemos que E_{i1} es la tensión incidente en el elemento activo pero es la tensión reflejada si consideramos a la red de acoplamiento de entrada, por otro lado E_{r1} es la tensión reflejada en el elemento activo pero es la tensión incidente, si consideramos a la red de acoplamiento de entrada.

$$\Gamma_g' = \frac{E_{i1}}{E_{r1}} \quad \rightarrow \quad E_{r1} = \frac{E_{i1}}{\Gamma_g'} = s_{11} * E_{i1} + s_{12} * E_{i2} \quad \rightarrow \quad -s_{11} * E_{i1} + \frac{E_{i1}}{\Gamma_g'} = s_{12} * E_{i2}$$

$$E_{i1} = E_{i2} \frac{s_{12} * \Gamma_g'}{1 - s_{11} * \Gamma_g'}$$

Reemplazando * E_{i1} en la segunda ecuación: $\quad E_{r2} = s_{21} * (E_{i2} \frac{s_{12} * \Gamma_g'}{1 - s_{11} * \Gamma_g'}) + s_{22} * E_{i2}$

$$\Gamma_{II} = \frac{E_{r2}}{E_{i2}} = s_{22} + \frac{s_{21} * s_{12} * \Gamma_g'}{1 - s_{11} * \Gamma_g'}$$

Esto da un valor de impedancia de salida

$$Z_{II} = Z_0 * \frac{1 + \Gamma_{II}}{1 + \Gamma_{II}}$$

Si se utiliza el mismo razonamiento para la entrada del transistor, se tendrá que estando la salida cargada con Γ_L' habrá en la entrada un Γ_I:

$$\Gamma_I = \frac{E_{r1}}{E_{i1}} = s_{11} + \frac{s_{21} * s_{12} * \Gamma_L'}{1 - s_{22} * \Gamma_L'}$$

Entonces

$$Z_I = Z_0 * \frac{1 + \Gamma_I}{1 + \Gamma_I}$$

Como puede verse, el coeficiente de reflexión de entrada depende del coeficiente de reflexión visto desde el transistor hacia la carga, es decir, de la impedancia con que se carga la salida. Lo mismo ocurre con el coeficiente de reflexión de salida, que depende de la carga vista hacia el generador. Si deseamos máxima ganancia debemos imponer la condición de máxima transferencia de energía tanto a la entrada como a la salida del dispositivo.

Puede demostrarse que si deseamos máxima ganancia, los coeficientes de reflexión de generador y de carga pueden calcularse como:

$$\left|\Gamma_L'\right| = \frac{B + /-\sqrt{B^2 - 4|C|^2}}{2C}$$

y

$$\left|\Gamma_G'\right| = \left(S_{11} + \frac{S_{12}S_{21}\Gamma_L'}{1 - S_{22}\Gamma_L'}\right)^*$$

Donde:

$$B = 1 + |S_{22}|^2 - |S_{11}|^2 - |D|^2$$

$$C = S_{22} - DS_{11}^*$$

$$D = S_{11}S_{22} - S_{21}S_{12}$$

El signo del radical es el opuesto al de B y $\Theta'_L = -\Theta_C$

Ganancia

Definimos la ganancia del dispositivo como el cociente entre la potencia entregada al acoplamiento de salida (P_e) por el mismo dividida por la potencia que absorbe del acoplamiento de entrada (P_a).

$$G = \frac{P_e}{P_a}$$

Para obtener la ganancia del amplificador completo (G_a) debe multiplicarse este valor por los rendimientos de los acoplamientos de entrada (η_e) y de salida(η_s) .

$$G_a = \frac{P_e}{P_a} * \eta_e * \eta_s$$

Tomando en cuenta las definiciones y ecuaciones anteriores podemos demostrar que, en función de los parámetros del elemento activo y de los coeficientes de reflexión de las redes adaptadoras de impedancia toma la siguiente forma:

$$G = \frac{|s_{21}|^2 * (1 - |\Gamma_g'|^2) * (1 - |\Gamma_L'|^2)}{|(1 - s_{11} * \Gamma_g')(1 - s_{22} * \Gamma_L') - s_{21} * s_{12} * \Gamma_g' * \Gamma_L'|^2}$$

Si S_{21} es suficientemente pequeño (lo que ocurre a menudo) se puede unilateralizar la etapa, es decir, considerar nulo este coeficiente.

$$G_u = |s_{21}|^2 * \frac{1 - |\Gamma_g'|^2}{|1 - s_{11} * \Gamma_g'|^2} * \frac{1 - |\Gamma_L'|^2}{|1 - s_{22} * \Gamma_L'|^2} = G_0 * G_g * L$$

El término G_0 está relacionado con el transistor. Representa la ganancia que se obtiene cargando la entrada y la salida con la impedancia característica. El termino G_g tiene en cuenta el grado de adaptación entre la impedancia de la fuente y la entrada del transistor. El termino G_L tiene en cuenta el grado de adaptación entre la impedancia de la carga y la salida del transistor.

Estos dos últimos términos (G_g y G_L) son los que se podrán ajustar para obtener la ganancia requerida, además de las condiciones de polarización..

La ganancia unilateralizada máxima se logra tomando:

$$\Gamma_g' = S_{11}^* \quad y \quad \Gamma_L' = S_{22}^*$$

$$GUM = |s_{21}|^2 * \frac{1}{1 - |s_{11}|^2} * \frac{1}{1 - |s_{22}|^2}$$

Puede demostrarse que para un factor de mérito de unilateralización:

$$U = \frac{s_{21} * s_{12} * s_{11} * s_{22}}{\left(1 - |s_{11}|^2\right) * \left(1 - |s_{22}|^2\right)}$$

El error que se comete al despreciar S_{12} quede acotado por:

$$\frac{1}{1 - U^2} \triangleright \frac{G}{G_u} \triangleright \frac{1}{1 + U^2}$$

O dicho de otra manera, el error es menor que +/- $U^2 * 100$ %.

Estabilidad absoluta

Se define al factor de estabilidad de **ROLLET** como:

$$K = \frac{1 + \left|s_{11} * s_{22} - s_{21} * s_{12}\right|^2 - \left|s_{11}\right|^2 - \left|s_{22}\right|^2}{2 * \left|s_{12}\right| * \left|s_{21}\right|}$$

Si se cumplen las condiciones: **K** > 1|, **S**|₁₁ < 1 y | S₂₂ | < 1

Entonces el dispositivo es es **INCONDICIONALMENTE ESTABLE** para esas condiciones de polarización y esa frecuencia.

Es decir, si K es mayor que uno, entonces el amplificador es estable para esa frecuencia y condiciones de polarización, cualquiera sea la carga de entrada y salida (siempre a parte real positiva).

Si **K< 1** el dispositivo es POTENCIALMENTE   INESTABLE para esa frecuencia y condiciones de polarización

Si **K** es menor que uno el dispositivo es potencialmente inestable, esto significa que puede oscilar en algunas condiciones de carga de entrada y salida.

Círculos de Estabilidad

Proponemos como condición de estabilidad que las partes reales de las impedancias de entrada y salida sean positivas. Esto es lógico debido a que en el análisis de amplificadores, un valor neto de resistencia negativa en un punto del circuito implica una oscilación. El borde de la carta de SMITH corresponde a un valor de $|\Gamma| = 1$ como ya vimos. Valores de $|\Gamma| > 1$ corresponden a valores negativos de **Z** y caen fuera de la carta. Se puede establecer así una condición límite en términos de los coeficientes de reflexión de entrada y salida, esto es:

$|\Gamma_I| = 1$ Condición límite de estabilidad de entrada.

$|\Gamma_{II}| = 1$ Condición límite de estabilidad de salida.

Si se toma para el análisis el valor del coeficiente de reflexión de entrada del amplificador Γ_I se tendrá que:

$$\Gamma_I = s_{11} + \frac{s_{21} * s_{12} * \Gamma_L'}{1 - s_{22} * \Gamma_L'} = 1$$

Las soluciones de esta ecuación en función del valor de Γ_L' estarán ubicadas en un círculo que se denomina "Círculo límite de estabilidad". Resolviendo esta ecuación se llega a la expresión de un vector que ubica el centro de dicho círculo, (dentro o fuera de la carta de Smith) y a una expresión del radio del mismo:

Centro $$\vec{C}_I = \frac{(s_{11} - D * s_{22}{}^*)^*}{\left|s_{11}\right|^2 - \left|D\right|^2}$$

Radio $$r_I = \frac{|s_{12} * s_{21}|}{|s_{11}|^2 - |D|^2}$$ donde $D = S_{11} * S_{22} - S_{12} * S_{21}$

Al realizar el gráfico del circulo de estabilidad sobre la carta de Smith, si este se intercepta con la carta, quedan definidas dos áreas en la misma, una interior y otra exterior al círculo de estabilidad.

Para determinar en cual de las dos áreas pertenece al funcionamiento estable suponemos al amplificador cargado con $Z'_L = Z_0$, esto significa $\Gamma'_L = 0$, lo que implica el centro de la carta normalizada para Z_0.

Luego, de la ecuación que define Γ_I:

$$\Gamma_I = s_{11} + \frac{s_{21} * s_{12} * \Gamma'_L}{1 - s_{22} * \Gamma'_L}$$

si $\Gamma'_L = 0$ entonces $\Gamma_I = S_{11}$. Como el valor de S_{11} es conocido, se puede verificar que:

a - Si el módulo de S_{11} es **menor uno**, la zona que <u>**contiene**</u> el centro de la carta es la zona estable de entrada. (nótese que si el radio r_1 es mayor que el módulo del centro C_1, el circulo de estabilidad contendrá al centro de la carta y la zona estable, será la intersección de la carta y el círculo)

b-Si el modulo de S_{11} es **mayor que uno**, la zona que <u>**no contiene**</u> el centro de la carta es la zona estable de entrada. la condición b. Tengamos en cuenta que módulo de s_{11} mayor que uno implica que el dsipositivo cargado con una impedancia Z_0 oscilará. Esta condición es rara para la mayoría de los transistores usados para aplicaciones de este tipo pero hay casos en que courre.

Al hablar de "zona estable de entrada" queremos decir que la impedancia de entrada puede tomar cualquier valor de esta zona y el amplificador seguirá siendo estable, si la impedancia de entrada toma un valor que esté fuera de la zona estable de entrada, el amplificador oscilará, siendo el limite el propio circulo de estabilidad.

Un análisis similar se aplica a la salida haciendo que:

$$\Gamma_{II} = s_{22} + \frac{s_{21} * s_{12} * \Gamma'_g}{1 - s_{22} * \Gamma'_g} = 1$$

Centro $$C_I = \frac{(s_{11} - D * s_{22}{}^*)^*}{|s_{11}|^2 - |D|^2}$$

Radio
$$r_I = \frac{\left| s_{12} * s_{21} \right|}{\left| \left| s_{11} \right|^2 - \left| D \right|^2 \right|}$$

Nótese que la condición de estabilidad de salida depende de la carga en la entrada. Esta vez para determinar cuál es la zona estable de salida, se toma $\Gamma_g{}' = 0$ es decir $Z_g{}' = Z_0$ con lo cual $|\Gamma_{II}| = |S_{22}|$, de la misma manera que para Γ_I.

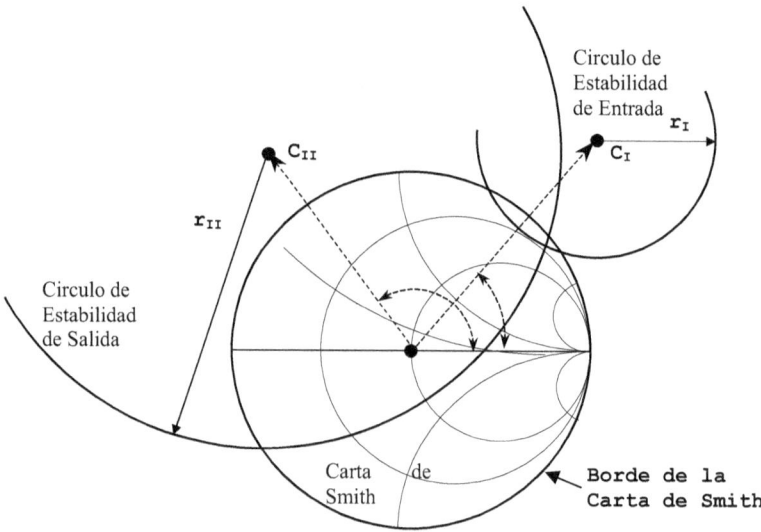

Figura 100

Si el módulo de S_{22} es **menor uno**, la zona que <u>contiene</u> el centro de la carta es la zona estable de salida. (Nótese que si el radio r_{II} es mayor que el módulo del centro C_{II}, el círculo de estabilidad contendrá al centro de la carta y la zona estable, será el conjunto intersección de la carta y el círculo, como está dibujado en este ejemplo). Al hablar de "zona estable de salida" queremos decir que la impedancia de salida puede tomar cualquier valor de esta zona y el amplificador seguirá siendo estable, si la impedancia de salida toma un valor que esté fuera de la zona estable de salida, el amplificador oscilará, siendo el limite, el propio circulo de estabilidad.

Redes transformadoras de impedancia

Recordemos que llamamos redes transformadoras de impedancia al conjunto de cuadripolos que tienen por objetivo acoplar distintas partes de un circuito eléctrico haciendo que las impedancias presentadas en ambos puertos del mismos tengan valores apropiados para la condición deseada. Los llamaremos adaptadoras de impedancia cuando esta condición sea la de máxima transferencia de energía, condición que no siempre es la deseada.

Normalmente están constituidas por componentes reactivos (capacitores e inductores) y su diseño se puede realizar utilizancdo las ecuaciones usuales que parametrizan los mismos o utilizando el cálculo gráfico con la carta de SMITH.

La implementación puede realizarse utilizando componentes discretos, microtiras o una combinación de ambos elementos.

Los efectos que produce en la carta de Smith el agregado de elementos en serie y paralelos a una impedancia cualquiera Z son: (Primero se normaliza una carta de Smith para Z_0, el centro de la carta corresponde al valor de $Z = Z_0$)

- Un capacitor (inductor) en serie con Z hace que el punto representativo de la impedancia se mueva en la carta sobre una línea de resistencia constante en sentido antihorario (horario).

- Un capacitor (inductor) en paralelo con Z hace que el punto representativo de la impedancia se mueva sobre una línea de conductancia constante en el sentido horario (antihorario).

CAPÍTULO 10

DISEÑO DE AMPLIFICADORES CON PARÁMETROS "S"

Existen dos tipos básicos de diseño que implican diferencias en la forma de calcular los coeficientes de reflexión que deben presentarse al transistor y describiremos brevemente a continuación. Estos dos tipos son mínimo ruido y máxima ganancia, Puede darse una combinación de ambos requerimientos que obligará a un diseño de ensayo y error para cumplir simultáneamente con exigencias en ambos sentidos.

A - Mínimo ruido

La condición de mínimo ruido se requiere generalmente en la primera etapa amplificadora de un receptor ya que es prácticamente la que define las prestaciones en este sentido.

Si el amplificador debe diseñarse para mínimo ruido, entonces existe una condición de carga de entrada Γ_{gN}' para la cual el número de ruido del transistor es mínimo. Definido éste se calcula el coeficiente de reflexión de salida Γ_{II}' y se impone la condición de máxima transferencia de energía a la salida:

$$\Gamma_L' = \Gamma_{II}{}^*$$

Si el transistor es incondicionalmente estable se continúa con el cálculo de los acoplamientos. Caso contrario se verifica con los círculos de estabilidad la condición de carga de la salida. Si la condición de carga corresponde a la región estable si continúa con el cálculo de acoplamientos. Si la condición de carga corresponde a la región inestable se procede de la siguiente manera:

Desde este punto en la carta de Smith, se sigue un arco de reactancia constante hasta intersecar el límite de estabilidad.

Se continúa por este mismo círculo hasta intersecar un círculo de resistencia igual a la mitad del valor correspondiente al límite de estabilidad.

Se recalcula el coeficiente de reflexión de entrada para esta nueva condición de carga.

Se continúa con el cálculo de los acoplamientos

B - Máxima ganancia

Para obtener la condición de máxima ganancia se obtienen las impedancias que deben presentarse a la entrada y a la salida del transistor para cumplir simultáneamente las condiciones de máxima transferencia de energía a la entrada y a la salida del amplificador.

A partir de la fórmula de ganancia puede demostrarse que los coeficientes de reflexión que producen adaptación de impedancias simultáneamente en la entrada y la salida del dispositivo son:

$$\left| \Gamma_L^{'} \right| = \frac{B + / - \sqrt{B^2 - 4 \left| C \right|^2}}{2C}$$

y

$$\left| \Gamma_G^{'} \right| = \left(S_{11} + \frac{S_{12} S_{21} \Gamma_L^{'}}{1 - S_{22} \Gamma_L^{'}} \right)^*$$

Donde:

$$C = S_{22} - D S_{11}^*$$
$$B = 1 + \left| S_{22} \right|^2 - \left| S_{11} \right|^2 - \left| D \right|^2$$
$$D = S_{11} S_{22} - S_{21} S_{12}$$

Si el transistor es incondicionalmente estable se prosigue con el cálculo de la ganancia.

Caso contrario se verifica con los círculos de estabilidad la condición de carga de la salida.

Si la condición de carga corresponde a la región estable si continúa con el cálculo de acoplamientos.

Si la condición de carga corresponde a la región inestable se procede de la siguiente manera:

A partir del punto que representa el coeficiente de reflexión de salida, se sigue un arco de reactancia constante hasta intersecar el límite de estabilidad.

Se continúa por este mismo círculo hasta intersecar un círculo de resistencia igual a la mitad del valor correspondiente al límite de estabilidad.

Se recalcula el coeficiente de reflexión de entrada para esta nueva condición de carga a fin de obtener adaptación de impedancias en la entrada.

Se continúa con el cálculo de los acoplamientos

C - Máxima Ganancia para un número de ruido máximo dado

En este caso se calcula para máxima ganancia y se verifica el nivel de ruido correspondiente a la impedancia de entrada resultante.

Si el número de ruido excede el especificado se desplaza la impedancia de entrada por una línea de reactancia constante hasta un valor dentro de la zona deseada y se calcula como el caso de mínimo ruido.

Diagrama de diseño de amplificadores con parámetros "S"

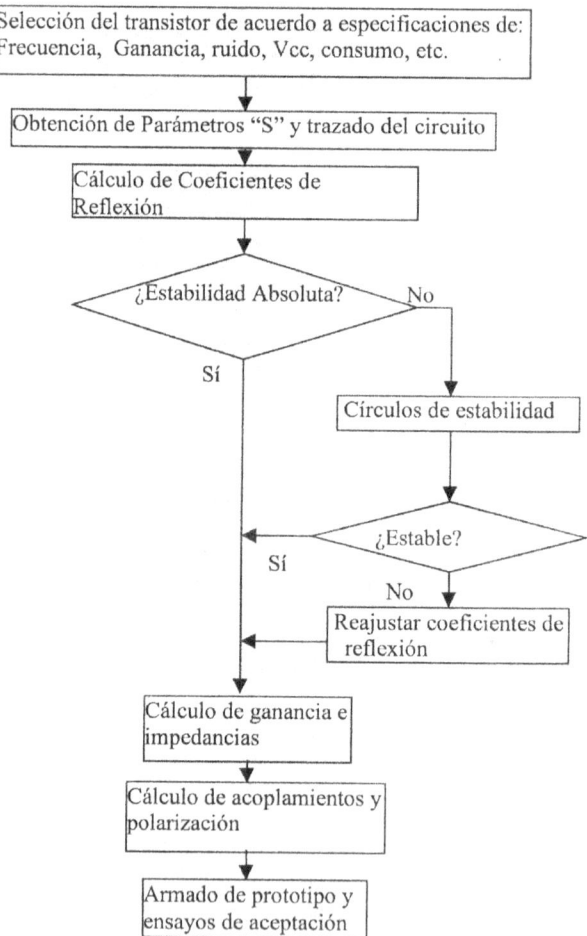

Este diagrama es válido para las tres condiciones con la aclaración de que la forma de calcular los coeficientes de reflexión es diferente en cada caso.

CAPÍTULO 11

EJEMPLOS DE DISEÑO CON PARÁMETROS "S"

Ejemplo N° 16

Especificaciones:

$Rg = 50 \ \Omega$
$R_L = 50 \ \Omega$
$f_0 = 500 \ MHz$
Ganancia $\geq \ 10 \ dB$
Figura de ruido $\leq 1.8 \ dB$
Ancho de Banda $= 25 \ MHz$

Selección del transistor :

Se selecciona el transistor MRF 901 (MOTOROLA) que cumple con las especificaciones de ruido, f_0 y ganancia . Se adjuntan las hojas de datos.

Datos del transistor :

De las hojas de datos se obtiene que el punto de trabajo más conveniente para satisfacer las especificaciones de ganancia y ruido a la frecuencia de 500 Mhz es :

$V_{CE} = 10 \ volt$
$I_C \ = 5 \ mA$

Para estas condiciones los parámetros de dispersión obtenidos de la tabla II son:

$S_{11} = 0.53 \ \angle -135°$
$S_{12} = 0.07 \ \angle \ 43°$
$S_{21} = 5.65 \ \angle 101°$

$$S_{22} = 0.54 \angle - 38°$$

Los parámetros dispersión también pueden ser presentados por el fabricante en la carta de Smith. En este caso se presenta una sucesión de puntos en la carta para cada uno de los parámetros y para las distintas frecuencias.

Cada uno de estos puntos correspondiente a un parámetro y una frecuencia, representa un valor de impedancia, ese valor de impedancia es el que se corresponde con el coeficiente de reflexión.

Por ejemplo:

Veamos como se lee el valor del Coeficiente de Reflexión S_{11} para el transistor MRF901, para la frecuencia $f_0 = 0,5$ Ghz ($V_{CE} = 10$ V , $I_C = 15$ mA), en la fig. 9 de las hojas de datos del transistor, (nótese que para este ejemplo, se ha tomado de la tabla II de las hojas de datos, a $S_{11} = 0,5 \angle - 166$ que corresponde a una corriente de colector de 15 mA, se seleccionó este valor con fines didácticos porque podemos comparar el valor leído en tabla II y en la carta de la fig.9 que también está realizada para 15 mA)

El punto marcado en la carta para esta frecuencia corresponde al valor de impedancia $Z_{11} = 16,89 - j 5,45$ y el valor de Z_{11} normalizado es $Z_{11} / 50 = 0,3378 - j 0,109$

El valor de S_{11} se obtiene trazando una recta desde el centro de la carta que pasa por el punto y llega hasta el contorno exterior de ésta. Luego se mide la distancia desde el centro hasta el punto Z_{11} que, si el radio de la carta es unitario, será el módulo del Coeficiente de Reflexión S_{11} y se lee en el contorno de la carta el ángulo, que será la fase de S_{11}, ver fig. 14

$$S_{11} = 0,5 \angle - 166$$

De igual manera se determinan los otros tres coeficientes S_{12}, S_{21}, S_{22}.

(aclaración: en el ejemplo anterior el valor de $Z_{11} = 16,89 - j 5,45$ fue calculado para que dé exactamente igual al valor correspondiente de la tabla II, porque en este caso, tiene el objeto de mostrar como es el procedimiento, pero en la práctica sería imposible determinar de la carta de la fig. 9- esos valores con decimales, y de hecho no tiene sentido buscar tanta precisión, debido a la dispersión y el carácter estadístico de los valores publicados, por lo tanto, lo que se hace es una buena estimación el valor de impedancia que se puede extraer de la fig 9, y llevarlo a una carta mejor para determinar el coeficiente de Reflexión en forma gráfica) fig.14

El coeficiente de reflexión que debe "ver" el transistor hacia el generador para satisfacer las especificaciones de ruido, mínima figura de ruido (NF = 1,6), de la fig. 12- es:

$$Z'_g = 42,73 + j25,96 \ \Omega$$
$$Z_0 = 50 \ \Omega$$
$$\Gamma'g = 0,28 \ \angle \ 90°$$

Usando la carta de Smith:

Vamos a determinar el Coeficiente de Reflexión $\Gamma'g$ para el circuito.

El primer paso, consiste en normalizar la impedancia de carga respecto de la impedancia Z_0 de la línea de transmisión para poder graficarla en la carta de Smith.

$$Z_g' = \frac{42,73 + j25,96}{50} = 0,8546 + j0,5192 \ \Omega$$

entonces se grafica en la carta este punto Z_L normalizado. Luego se traza una línea desde el centro de la carta, que pase por el punto (0,8546 + j 0,5192) hasta el borde exterior de la carta que está calibrado en grados. Para leer el Coeficiente de Reflexión directamente de la carta, se mide la distancia desde el centro de la carta hasta el punto graficado (considerando que el radio de la carta vale 1) y esa distancia es igual al modulo del Coeficiente de Reflexión, en este caso es 0,28 para determinar la fase, se lee directamente el ángulo en grados sobre el borde de la carta, este ángulo es de aproximadamente 90°, fig. 14 el Coeficiente de Reflexión es:

$$\Gamma'g = 0,28 \ \angle 90°$$

En forma analítica:

Se determinan la parte real Re = 42,73 y la parte imaginaria Im = 25,96 de la impedancia Z'g y luego se determina:

$$\Gamma'g = \frac{Z_g' - Z_0}{Z_g' + Z_0} = \frac{(42,73 + j25,96) - (50 + j0)}{(42,73 + j25,96) + (50 + j0)} = 0 + j\,0,28$$

$$\Gamma'g = 0,28 \ \angle 90°$$

En este caso, en la determinación de $Z'g = 42,73 + j25,96$ vale la aclaración hecha en el ejemplo anterior.

Ganancia Unilateralizada Máxima:

$$GUM = |S_{21}|^2 \ * \ \frac{1}{1 - |S_{11}|^2} \ * \ \frac{1}{1 - |S_{22}|^2} = 62,66$$

$$GUM(dB) = 17,97dB \approx 18dB$$

En principio satisface los requerimientos de ganancia porque queda un margen de **8dB** para pérdidas por desadaptación y en los acoplamientos.

Trazado del circuito:

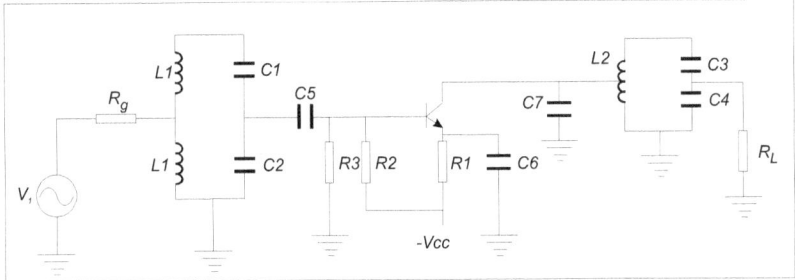

Figura 101

Calculo de Estabilidad - Coeficiente de estabilidad de Rollet

$$K = \frac{1 - |S_{11}|^2 - |S_{22}|^2 + |S_{11}.S_{22} - S_{12}.S_{21}|^2}{2.|S_{12}.S_{21}|}$$

K = 0.6324 $\Rightarrow$ Transistor potencialmente inestable por lo tanto se deben trazar los círculos de estabilidad para verificar que trabajaremos dentro de una región estable.

Círculos de estabilidad:

Análisis de estabilidad de entrada:

$$\text{Centro} \quad C_I = \frac{(S_{11} - D * S_{22}^*)^*}{|S_{11}|^2 - |D|^2} = 2,65 \angle 150,32^0$$

$$D = S_{11}.S_{22} - S_{21}.S_{12} = 0.2698 \angle -82,3^0$$

$$r_I = \frac{|S_{12}.S_{21}|}{|S_{11}|^2 - |D|^2} = 1,90 \qquad (radio)$$

Como $|S_{11}|$ es menor que uno y el módulo de $C_I = 2,65$ es mayor que el radio $r_I = 1,90$ entonces la región de la carta de Smith exterior al círculo, es la zona estable de entrada.

aclaración: con el asterisco como superíndice se expresa el conjugado de un complejo, con el asterisco como subíndice se expresa el producto de dos complejos.

Análisis de estabilidad de salida:

$$\text{Centro} \quad C_{II} = \frac{(S_{22} - D * S_{11}^{*})^{*}}{|S_{22}|^{2} - |D|^{2}} = 2{,}56 \; \angle 52.79$$

$$\text{Radio} \quad r_{II} = \frac{|S_{12} * S_{21}|}{|S_{22}|^{2} - |D|^{2}} = 1{,}81$$

Como $|S_{22}|$ es menor que uno y el módulo de $C_{II} = 2{,}56$ es mayor que el radio $r_{II} = 1{,}81$ entonces la región de la carta de Smith exterior al círculo, es la zona estable de salida.

Cálculo de los coeficientes de reflexión:

De datos del fabricante $\Gamma_{g}' = 0.28 \; \angle 90°$ para mínimo ruido.

$$\Gamma_{II} = S_{22} + \frac{S_{12}.S_{21}.\Gamma_{g}'}{1 - S_{11}.\Gamma_{g}'} = 0{,}544 \; \angle -51{,}01°$$

Adaptando la salida: $\Gamma_{L}' = \Gamma_{II}^{*}$ $\quad \Gamma_{L}' = 0{,}544 \; \angle 51{,}01°$

$$\Gamma_{I} = S_{11} + \frac{S_{.12}.S_{21}.\Gamma_{L}'}{1 - S_{22}.\Gamma_{L}'} = 0{,}7942 \; \angle 212{,}39°$$

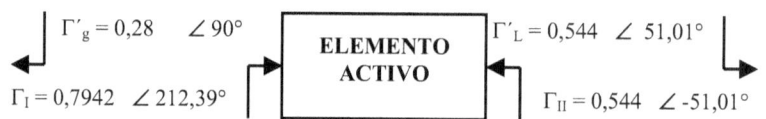

Figura 102

Cálculo de la Ganancia:

$$G = |S_{21}|^{2} . \frac{(1 - |\Gamma g'|^{2}).(1 - |\Gamma_{L}'|^{2})}{|(1 - \Gamma g'.S_{11}).(1 - \Gamma_{L}'.S_{22}) - S_{21}.S_{12}.\Gamma_{L}'\;\Gamma g'|^{2}}$$

$$G = 51{,}44 \qquad GdB = 17{,}11 \text{ dB}$$

Cálculo de las impedancias

(a partir de los coeficientes de reflexión):

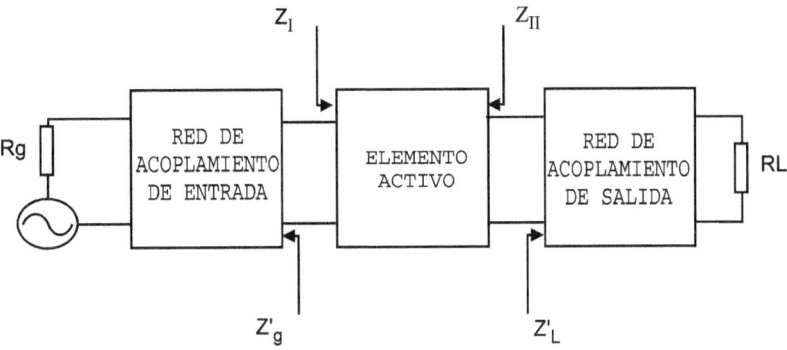

Figura 103

$$Z_I = \frac{(1 + \Gamma_I)}{(1 - \Gamma_I)} \cdot Z_0 = 5,72 - j\,16,11 \ \ \Omega$$

$$(C_i = 1/2\pi f X_I = 19,74 \text{ pF})$$

$$Z_{II} = \frac{(1 - \Gamma_{II})}{(1 + \Gamma_{II})} \cdot Z_0 = 57,57 - j69,15 \ \ \Omega \qquad \text{NOTA: } Z'_L =$$

$$Z^*_{II}$$

$$C_0 = 1/2\pi f X_{II} = 4,6 \text{ pF}$$

$$Z'_L = \frac{(1 + \Gamma_L')}{(1 + \Gamma_L')} \cdot Z_0 = 57,57 + j69,15 \ \ \Omega$$

$$Z_g = \frac{(1 + \Gamma_g)}{(1 - \Gamma_g)} \cdot Z_0 = 9,60 - j\,12,30 \ \ \Omega$$

normalizando:

$$Z_{NI} = 0,11 - j\,0,32$$

$$Z_{NII} = 1,15 - j\,1,38$$

$$Z'_{LN} = 1,15 + j\,1,38$$

$$Z'_{gN} = 0,19 - j\,0,25$$

Cálculo de los acoplamientos

$$Bi = \frac{B}{(2^{1/n} - 1)^{1/2}} = \frac{25.10^{6}}{(2^{1/n} - 1)^{1/2}} = 38,8 \text{ Mhz}$$

Bi : ancho de banda de cada circuito de acoplamiento.

n : cantidad de circuitos de acoplamiento.

$$Q = \frac{f_0}{B} = \frac{500.10^{6}}{25.10^{6}} = 20 \qquad Q : \text{ de toda la etapa.}$$

$$Qi = \frac{f_0}{Bi} = 12,9 \approx 13 \qquad Qi: \text{ de cada acoplamiento}$$

Acoplamiento de salida:

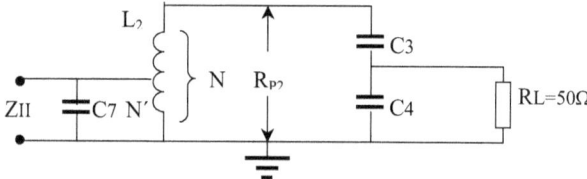

Figura 104

$Q_{II} = Qi = 13$

$$Qi = \frac{Rp_2}{2.\pi.f_0.L_2} \Rightarrow Rp_2 = 4.\pi.f_0.L_2.Qi$$

$$G_{P2} = \frac{1}{R_{P2}} = G'_L + G'_{II} + 0,1 . G'_L \quad \text{donde consideramos a } G'_L = G'_{II} = \frac{1}{R'_L} = \frac{1}{R'_{II}}$$

Rp_2 es el valor de la resistencia paralelo total que está formada por el paralelo de R_{II} transferida (R'_{II}), R_L transferida (R'_L) y la resistencia de pérdidas de la bobina, en este caso adoptamos para facilitar el cálculo R'_{II} igual a R'_L y la resistencia de pérdidas como 10 veces el valor de éstas. (estimamos el rendimiento del acoplamiento en un 90%)

Eligiendo   **$L_2 = 12 \text{ nHy}$**

$$Rp_2 = 2.\pi.f_0.L_2.Q_{II} = 2 . \pi . 5.10^{8} . 12.10^{-9} . 13 = 490 \ \Omega$$

$$G_{P2} = \frac{1}{R_{P2}} = 2,1 \cdot G'_L \qquad \Rightarrow \qquad G'_L = \frac{1}{490x2,1} = 9,72.10^{-4}$$

$$R'_L = R'_{II} = 1029 \ \Omega$$

$$C_{II} = \frac{1}{(2.\pi.f_0)^2.L_2} = 8,44 \text{ pF}$$

estimamos $K = 0,5$

$$\frac{N}{N'} = K \cdot (R_{P2}/R_{II})^{1/2} = 0.5 * (980/57,57)^{1/2} = 2,1$$

Se debe reflejar la inductancia de salida del transistor (L_{II}) para hallar el valor real de L_2:

$$\frac{N}{N'} = K \cdot (L'_{II}/L_{II})^{1/2} \Rightarrow L'_{II} = (N/N')^2.(1/K)^2 \cdot L_{II}$$

$$L'_{II} = (2,1)^\wedge2.(1/0.8)^\wedge2. \ 22.10^{-9}$$

inductancia de salida reflejada $\Rightarrow L'_{II} = 374,3 \text{ nHy}$

Ahora la inductancia del tanque L'_2 resulta del paralelo de L_2 y L'_{II}

$L'_2 = 11,6 \text{ nHy}$

Por lo tanto la salida inductiva del transistor debe ser compensada con un capacitor en paralelo (C_7 en el circuito).

$$X_{LII} = Xc_7 \Rightarrow c_7 = 1/(2.\pi.f.X_{LII})$$

$C_7 = 4,6 \text{ pF}$ Se utiliza el valor normalizado de 4.7 pF.

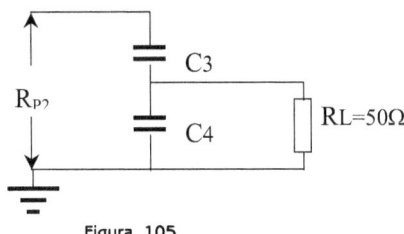

Figura 105

$$C_4/C_{II} = (R'_L/R_L)^{1/2} \qquad \Rightarrow \qquad C_4 = C_{II} (R'_L/R_L)^{1/2}$$

$$C_4 = 8,44.10^{-12} . (980/50)^{1/2} = 37,36 \text{ pF} \quad \Rightarrow \quad \mathbf{C_4 = 37,36 \text{ pF}}$$

$$C_3 = \frac{C_4 C_{II}}{C_4 + C_{II}} = \frac{37,36 x 8,44}{37,36 - 8,44} = 10,9 \text{ pF} \quad \Rightarrow \quad \mathbf{C_3 = 10,9 \text{ pF}}$$

Acoplamiento de entrada :

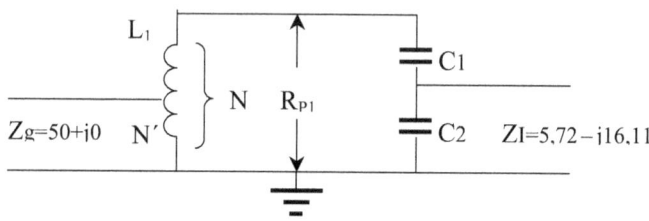

Figura 106

$$Z_I = 5,72 - j\, 16,11 \; \Omega$$

Adoptando $\mathbf{L_1 = L_2 = 12 \text{ nHy}}$

$$R_{pl} = 2.\,\pi.\,f_0.L_1.Qi = 490 \; \Omega$$
$$C_t = 1/\,(2.\pi.f_0)^2.L_1 = 8,44 \text{ pF}$$

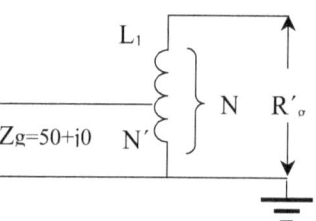

Figura 107

$$N/N' = K \,.\; (R'g/Rg)^{1/2} = 0.8.\,(1029/50)^{1/2} = 3,63 \qquad \mathbf{N/N' = 3,63}$$

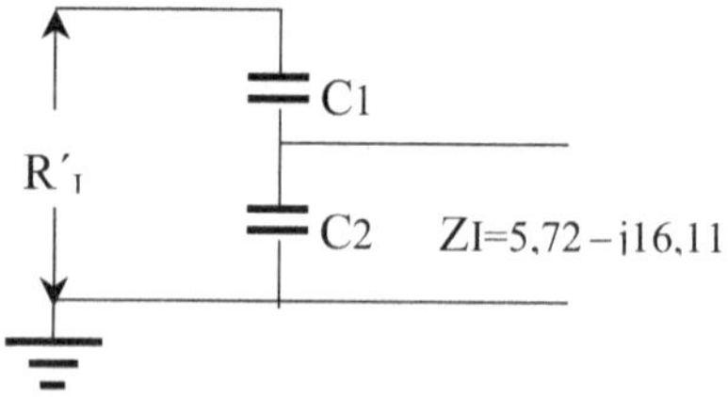

Figura 108

$$C'_2/C_t = (R'_I/R_I)^{1/2}$$

$$C'_2 = 8,44 \text{ pF} \cdot (1029 / 5,72)^{1/2} = 113,2 \text{ pF}$$

$$C_1 = \frac{C_2 C_t}{C_2 + C_t} = \frac{113,2 x 8,44}{113,2 - 8,44} = 9,12 \text{ pF} \qquad \mathbf{C_1 = 9,12 \ pF}$$

A C'_2 hay que restarle el valor de la capacidad C_1 vista hacia la entrada.

$$C_1 = 1/(2.\pi.f_0 X_1) = 1/(2.\pi.f_0.16,11) = 19,76 \text{ pF}$$

$$C_2 = C'_2 - C_1 = 113,2 \text{ pF} - 19,76 \text{ pF} = 93,44 \text{ pF} \qquad \mathbf{C_2 = 93,44 \ pF}$$

Este diseño con parámetros "S" y componentes de constantes concentradas es el que se utiliza en la banda de frecuencias que va desde 100 Mhz hasta aproximadamente 1 Ghz.

Para frecuencias desde aproximadamente 600 Mhz en adelante para resolver los circuitos de acoplamiento de entrada y salida se utilizan microtiras.

Cálculo en matlab

Programa de Cálculo

```
S11=-.3748-.3748j;S12=0.05119+.04774j
S21=-1.078+5.546j;S22=.4255-.3325j
fo=5e8;B=2.5e7
Gum=norm(S21)^2/((1-norm(S11)^2)*(1-norm(S22)^2))
GumdB=10*log10(Gum)
K=(1-(norm(S11))^2-(norm(S22))^2+(norm(S11*S22-
S12*S21))^2)/(2*norm(S12*S21))
D=S11*S22-S12*S21
CL=conj(S11-D*conj(S22))/(norm(S11)^2-norm(D)^2)
modCL=norm(CL)
FICL= angle(CL)*360/(2*pi)
rL=norm(S12*S21)/(norm(S11)^2-norm(D)^2)
CG=conj(S22-D*conj(S11))/(norm(S22)^2-norm(D)^2)
modCG=norm(CG)
FICG= angle(CG)*360/(2*pi)
rG=norm(S12*S21)/(norm(S22)^2-norm(D)^2)
%en caso de ser k<1, las ecuaciones de GammaG y GammaL para obtener
máxima ganancia que siguen, no son válidas
b=1+norm(S22)^2-norm(S11)^2-norm(D)^2
C=S22-D*conj(S11)
GammaL=(conj(C)/norm(C))*b-sign(b)*sqrt(b^2-4*norm(C)^2)/(2*C)
GammaG=conj(S11+S12*S21*GammaL/(1-S22*GammaL))
%En caso de cálculo para mínimo ruido
GammaG=.28j
GammaII=S22+S12*S21*GammaG/(1-S11*GammaG)
GammaL=conj(GammaII)
%Esto implica adaptar impedancia de salida.
```

modGammaII=norm(GammaII)
FiGammaII= angle(GammaII)*360/(2*pi)
G=norm(S21)^2*(1-norm(GammaG)^2)*(1-norm(GammaL)^2)/(norm((1-
S11*GammaG)*(1-S22*GammaL)-S12*S21*GammaG*GammaL))^2
GdB=10*log10(G)
GammaI=S11+S12*S21*GammaL/(1-S22*GammaL)
modGammaI=norm(GammaI)
FiGammaI= angle(GammaI)*360/(2*pi)
ZI=50*(1+GammaI)/(1-GammaI)
ZII=50*(1+GammaII)/(1-GammaII)
Zg=50*(1+GammaG)/(1-GammaG)
ZL=conj(ZII)

Resultados

Gum =	62.6660=17.97dB	
K =	0.6324	Potencialmente inestable
D =	0.0359 - 0.2673i	
CL =	-2.3001 + 1.3111i	=2.65∠150.3
rL =	1.8993	
CG =	1.5477 + 2.0382i	=2,56∠52.79
rG =	1.8068	
Para máxima ganancia		
B =	0.9379	
C =	0.3388 - 0.4461i	
GammaL =	1.0028 + 0.4162i	Inestable para máxima ganancia
GammaG =	-1.1520 - 0.1342i	Inestable para máxima ganancia
GammaG =	0 + 0.2800i	Para mínimo ruido
GammaII =	0.3422 - 0.4228i	=0.54∠-51.0
GammaL =	0.3422 + 0.4228i	=0.54∠51.0
G =	51.4434=17.11dB	Ganancia suficiente.
GammaI =	-0.6562 - 0.4790i	=0.81∠-143.0
ZI =	5.7188 -16.1134i	
ZII =	57.5749 -69.1470i	
Zg =	42.7300 +25.9644i	
ZL =	57.5749 +69.1470i	

Ejemplo N° 17

Especificaciones:

$Rg = 50 \ \Omega$

$R_L = 50 \ \Omega$

$f_0 = 10$ GHz

Ganancia $\geq \ 10$ dB

Figura de ruido ≤ 1 dB

Ancho de Banda $\ \geq 250$ MHz

Selección del transistor :

Se selecciona el transistor NE23300 (NEC) que cumple con las especificaciones de ruido, f_0 y ganancia .

Datos del transistor :

De las hojas de datos se obtiene que el punto de trabajo más conveniente para satisfacer las especificaciones de ganancia y ruido a la frecuencia de 10 GHz es :

$$V_{DS} = 2V \quad I_D = 10 \text{ mA}$$

Para estas condiciones los parámetros de dispersión son:

FREQ. (GHz)	S11 MAG	ANG	S21 MAG	ANG	S12 MAG	ANG	S22 MAG	ANG
10.0	.724	-117.8	3.304	83.8	.109	21.9	.468	-74.6

El coeficiente de reflexión que debe "ver" el transistor hacia el generador para mínima figura de ruido es:

$$\Gamma'g = 0.55\angle 95°$$

Ganancia Unilateralizada Máxima:

$$\text{GUM} = |S_{21}|^2 * \frac{1}{1 - |S_{11}|^2} * \frac{1}{1 - |S_{22}|^2} = 29.37$$

$$\text{GUM(dB)} = 14,7\text{dB}$$

En principio satisface los requerimientos de ganancia porque queda un margen de **4,7 dB** para pérdidas por desadaptación y en los acoplamientos.

Trazado del circuito:

El circuito es el mismo del caso anterior excepto que los acoplamientos se sintetizarán con microtiras.

Calculo de Estabilidad - Coeficiente de estabilidad de Rollet

$$K = \frac{1 - |S_{11}|^2 - |S_{22}|^2 + |S_{11}.S_{22} - S_{12}.S_{21}|^2}{2.|S_{12}.S_{21}|}$$

K = 0.537 $\Rightarrow$ Transistor potencialmente inestable por lo tanto se deben trazar los círculos de estabilidad para verificar que trabajaremos dentro de una región estable.

Círculos de estabilidad:

Análisis de estabilidad de entrada:

$$\text{Centro} \quad C_I = \frac{(S_{11} - D * S_{22}^*)^*}{|S_{11}|^2 - |D|^2} = 1{,}75 \angle 130{,}86^0$$

$$r_I = \frac{|S_{12}.S_{21}|}{|S_{11}|^2 - |D|^2} = 0{,}997 \quad \text{(radio)}$$

Como $|S_{11}|$ es menor que uno y el módulo de C_I es mayor que el radio r_I entonces la región de la carta de Smith exterior al círculo, es la zona estable de entrada ya que el centro de la carta es exterior.

aclaración: con el asterisco como superíndice se expresa el conjugado de un complejo, con el asterisco como subíndice se expresa el producto de dos complejos.

Análisis de estabilidad de salida:

$$\text{Centro} \quad C_{II} = \frac{(S_{22} - D * S_{11}^*)^*}{|S_{22}|^2 - |D|^2} = 5{,}68 \angle 110{,}17$$

$$\text{Radio} \quad r_{II} = \frac{S_{12} * S_{21}}{|S_{22}|^2 - |D|^2} = 5{,}09$$

Como $|S_{22}|$ es menor que uno y el módulo de C_{II} es mayor que el radio r_{II} entonces la región de la carta de Smith exterior al círculo, es la zona estable de salida.

Cálculo de los coeficientes de reflexión:

De datos del fabricante $\Gamma_g' = 0{,}55 \angle 95°$ para mínimo ruido.

$$\Gamma_{II} = S_{22} + \frac{S_{12}.S_{21}.\Gamma_g'}{1 - S_{11}.\Gamma_g'} = -0{,}195 - j0{,}486 = 0{,}524 \angle -111{,}8$$

Adaptando la salida: $\Gamma_L' = \Gamma^*_{II}$

$$\Gamma_L' = -0,195 + j486 = 0,524 \angle 111,8$$

$$\Gamma_I = S_{11} + \frac{S_{.12}.S_{21}.\Gamma_L'}{1 - S_{22}.\Gamma_L'} = -0,494 - j0,822 = 0,959 \angle 121°$$

$\Gamma'_g = 0,55 \angle 95°$

ELEMENTO ACTIVO

$\Gamma'_L = 0,524 \angle 111,82°$

$\Gamma_I = 0,959 \angle -121°$

$\Gamma_{II} = 0,524 \angle -111,82°$

Figura 109

Como los módulos de los coeficientes de reflexión, tanto a la entrada como a la salida, son menores que la diferencia entre los respectivos valores de centro y radio de los círculos de estabilidad puede asegurarse que el amplificador será estable para esta condición de carga.

Cálculo de la Ganancia:

$$G = |S_{21}|^2 . \frac{(1 - |\Gamma g'|^2).(1 - |\Gamma_L'|^2)}{|(1 - \Gamma g'.S_{11}).(1 - \Gamma_L'.S_{22}) - S_{21}.S_{12}.\Gamma_L' \ \Gamma g'|^2}$$

$$G = 24,98 \qquad GdB = 13,97 \ dB$$

Cálculo de las impedancias

(a partir de los coeficientes de reflexión):

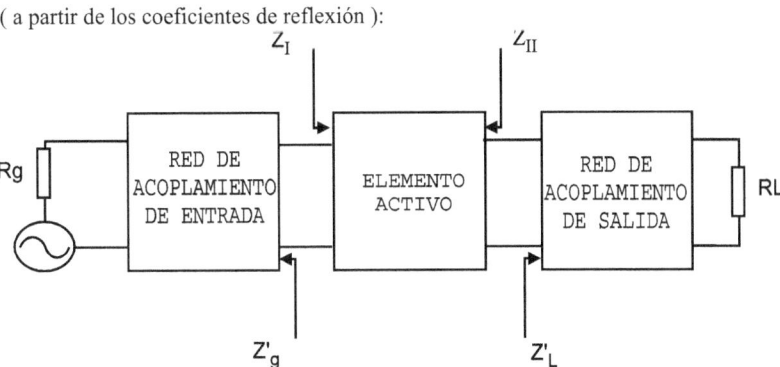

Figura 110

$$Z_I = \frac{(1 + \Gamma_I)}{(1 - \Gamma_I)} \cdot Z_0 = 1,38 - j\,28,26 \quad \Omega$$

$(C_i =$

$$Z_{II} = \frac{(1 - \Gamma_{II})}{(1 + \Gamma_{II})} \cdot Z_0 = 21,8 - j29,2 \quad \Omega \qquad \text{NOTA: } Z'_L = Z^*_{II}$$

$$C_0 = 1/2\pi f X_{II} = 4,6 \text{ pF}$$

$$Z'_L = \frac{(1 + \Gamma_L')}{(1 + \Gamma_L')} \cdot Z_0 = 57,57 + j69,15 \quad \Omega$$

$$Z_g = \frac{(1 + \Gamma_g)}{(1 - \Gamma_g)} \cdot Z_0 = 24,9 - j\,39,2 \quad \Omega$$

Cálculo de los acoplamientos

Los acoplamientos se realizarán en microtiras siguiendo el siguiente procedimiento:

Se adaptan las resistencias con una microtira de impedancia característica igual a la media geométrica de los componentes resistivos de entrada y de salida, y se agregan las tiras adecuadas para compensar las partes reactivas correspondientes. Para esto transformamos las impedancias de generador y de carga a su equivalente paralelo.

Rgp = 86.4967   Xgp = -55.0563
RLp = 60.9966   XLp = -45.4904

$$Z_{0g} = \sqrt{Z_g \times Z_{gp}} = 65,76$$

$$Z_{0L} = \sqrt{Z_L \times Z_{Lp}} = 55,22$$

Con una tira de la misma impedancia y extremo abierto agregamos las componentes capacitivas tanto en base como en colector.

Usando las fórmulas de Hammerstad para el generador y para la carga:

Zog = 65.6700
Er = 2.2000
t = 0.0500
H = 1.5700

A = 1.4894
B = 6.0797
W = 3.1398
We = 3.2216
Erl = 1.8268
Z0 = 66.1443   Error menor que 1% O.K.

$\lambda_e = \lambda / (\varepsilon_r)^{\wedge}0{,}5 = 22{,}20$ mm

Microtira de generador a entrada
$l_1 = 5{,}55$ mm
Microtira en paralelo con la entrada
$l_2 = (\lambda_e/2\pi)\,\text{arccotg}\,(\text{Xgp}/\text{Z}_0) = 5.036\text{mm}$

Zo = 55.2200
Er = 2.2000
t = 0.0500
H = 1.5700
A = 1.2691
B = 7.2303
W = 4.1581
We = 4.2399
Erl = 1.8551
Z0L = 55.5719   Error menor que 1% O.K.

$\lambda_c = \lambda/(\varepsilon_r)^{\wedge}0{,}5 = (300/10^{\wedge}4)/0{,}734 = 22{,}03\text{mm}$
Microtira de drenador a salida
$l_3 = 5{,}008$ mm

Microtira en paralelo con drenador
$l_4 = (\lambda_e/2\pi)\,\text{arcotg}\,(\text{Xgp}/\text{Z}_0) = 5{,}088\ \text{mm}$

Cálculo en MATLAB

Programa de Cálculo

S11=.724*(sin(-117*2*pi/360)*i+cos(-117*2*pi/360))
S12=0.109*(sin(21.9*2*pi/360)*i+cos(21.9*pi/360))
S21=3.304*(sin(83.8*2*pi/360)*i+cos(83.8*2*pi/360))
S22=0.468*(sin(-74.6*2*pi/360)*i+cos(-74.6*2*pi/360))

Gum=norm(S21)^2/((1-norm(S11)^2)*(1-norm(S22)^2))
GUMdB=10*log10(Gum)
K=(1-(norm(S11))^2-(norm(S22))^2+(norm(S11*S22-
S12*S21))^2)/(2*norm(S12*S21))
D=S11*S22-S12*S21

```
CL=conj(S11-D*conj(S22))/(norm(S11)^2-norm(D)^2)
modCL=norm(CL)
FICL= angle(CL)*360/(2*pi)
rL=norm(S12*S21)/(norm(S11)^2-norm(D)^2)
CG=conj(S22-D*conj(S11))/(norm(S22)^2-norm(D)^2)
modCG=norm(CG)
FICG= angle(CG)*360/(2*pi)
rG=norm(S12*S21)/(norm(S22)^2-norm(D)^2)


%En caso de cálculo para mínimo ruido
GammaG=0.55*(cos(95*2*pi/360)+sin(95*2*pi/360)*i)
GammaII=S22+S12*S21*GammaG/(1-S11*GammaG)
GammaL=conj(GammaII)%Esto implica adaptar impedancia de salida.


modGammaII=norm(GammaII)
FiGammaII= angle(GammaII)*360/(2*pi)
G=norm(S21)^2*(1-norm(GammaG)^2)*(1-norm(GammaL)^2)/(norm((1-
S11*GammaG)*(1-S22*GammaL)-S12*S21*GammaG*GammaL))^2
GdB=10*log10(G)
GammaI=S11+S12*S21*GammaL/(1-S22*GammaL)
modGammaI=norm(GammaI)
FiGammaI= angle(GammaI)*360/(2*pi)
ZI=50*(1+GammaI)/(1-GammaI)
ZII=50*(1+GammaII)/(1-GammaII)
Zg=50*(1+GammaG)/(1-GammaG)
ZL=conj(ZII)
Yg=1/Zg
Rgp=1/real(Yg)
Xgp=1/im(Yg)
YL=1/ZL
RLp=1/real(YL)
XLp=1/im(YL)


A=Zo/60*(((Er+1)/2)^0.5)+(Er-1)/(Er+1)*(0.23+0.11/Er)
B=377*pi/(2*Zo*(Er)^0.5)
W=(2*H/pi)*(B-1-log(2*B-1)+((Er-1)/(2*Er))*(log(B-1)+0.39-0.61/Er))
We = W + (t/pi)*(1+log(2*H/t))
Er1=(Er+1)/2+(Er-1)/2*(1+12*H/W)^-0.5
Z0=120*pi/(Er1^0.5*(W/H+1.393+0.667*log(W/H+1.44)))
```

ANEXO

DISEÑO CON DIODOS PIN[*]

Los diodos PIN encuentran amplia aplicación en circuitos de RF, UHF y microondas. Son, fundamentalmente, dispositivos cuya impedancia, a estas frecuencias, se controla por su polarización en corriente contínua. Una característica única de los mismos es su capacidad de manejar grandes potencias de RF con baja potencia de polarización.

Modelo del diodo PIN

El diodo PIN es un resistor controlado por corriente en RF y microondas. Es un diodo semiconductor de silicio en el que una región I de alta resistividad intrínseca está emparedada entre regiones P y N. Cuando es polarizado directamente se inyectan electrones y huecos en dicha región. Estos pares no se aniquilan inmediatamente sino luego de un lapso llamado vida promedio de portador T. Esto implica una carga promedio almacenada Q que disminuye la resistencia de la región a un valor llamado R_s. Cuando el diodo se polariza inversamente o no se polariza, dicha carga es nula y el dispositivo se presenta como un paralelo de un resistor R_p y un capacitor C_t.
Los diodos PIN se especifican según los siguientes parámetros-

R_s – Resistencia serie con polarización directa.
C_t – Capacidad con polarización inversa o cero.
R_p – Resistencia paralelo con polarización inversa o cero.
V_r – Máxima tensión inversa.
T – Vida promedio de portador.
θ – Resistencia termica promedio o
P_d – Máxima potencia media.
θ_p – Resistencia termica de pulso o
P_p – Máxima potencia pico.

---

[*] Por Gerard Hiller MIA-COM Semiconductor Products, Inc.
Traducción Ing. Gustavo E . Carranza.

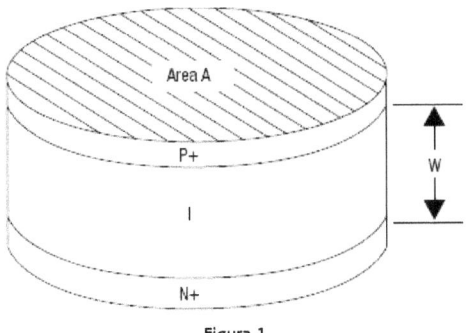

Figura 1

Variando el espesor y el área de la región I es posible construír diferentes diodos de la mismas característcas C_t y R_s. Estos pueden tener las mismas características de señal debil. Sin embargo, cuanto mayor la región I, mayor tensión de ruptura y mejor comportamiento a la distorsión. Por otra parte, dispositivos más delgados conmutarán más rápido.

Existe una idea errónea acerca de que la vida media de portador T, es el único parámetro que determina la mínima frecuencia de operación y la distor- sión producida. La misma está igualmente definida por el espesor de la región I , "W" que condiciona el tiempo de tránsito del diodo PIN.

Modelo de baja frecuencia

A frecuencias por debajo de la definida por el tiempo de tránsito, el diodo pin se comporta como un diodo común. Los diodos PIN suelen especificarse por la tensión directa para una dada corriente de polarización.

La tensión inversa se define como aquella a la cual la corriente inversa no supera un valor predeterminado, usualmente 10 uA y no suele coincidir con la tensión de avalancha, que está determinada por el espesor de la región I. (aproximadamente 10V/um). Generalmente, a menor tensión inversa, más barato el diodo.

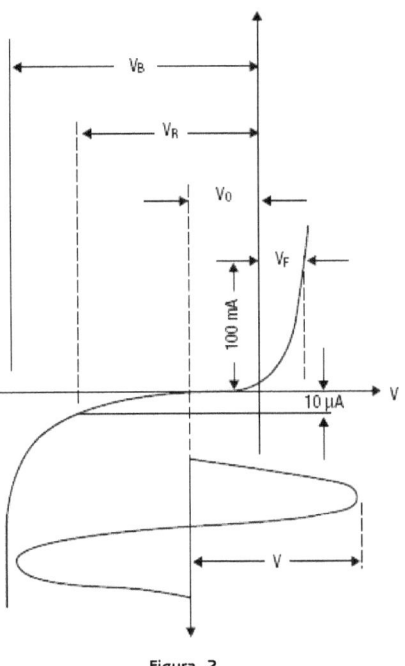

Figura 2

Modelo de señal fuerte

Cuando se usa el diodo PIN polarizado directamente, la carga almacenada Q debe ser mucho mayor que la variación de carga implicada en la corriente de RF. $Q \gg I_{rf}/2*\Pi \times f$

En operación la tensión inversa no debe superar V_r (generalmente inferior a la tensión de avalancha). Una polarización instantánea directa no implica necesariamente que el diodo PIN entre en conducción debido a la baja velocidad de conmutación reversa-directa T_{rf} del mismo..

Modelos de RF

Modelo en polarizacion directa

$$Rs = W^2 / (U_n + U_p) * Q$$

Donde

$Q = I_f * T$
I_f Corriente de polarización.
T Vida promedio de portador
U_n Movilidad de electrones.
U_h Movilidad de Huecos.

La resistencia parásita del encapsulado y las resistencias de contacto limitan la mínima resistencia.

A esto debe sumarse la reactancia debida a la inductancia parásita (generalmente inferior a 1nH).

Esta ecuación es válida para frecuencias por encima de la correspondiente al tiempo de tránsito.

$F > 1300 / W^2$ (F en Mega Hz y W en um).

También debe cumplirse la condición $Q \gg I_{rf}/F$

Modelo con polarizacion cero o inversa

$$C_t = E*A / W$$

Donde:
E – Constante dieléctrica del silicio.
A – Area de la juntura.

Esta ecuación es válida para frecuncias superiores a la de relajación dieléctrica de la región I.

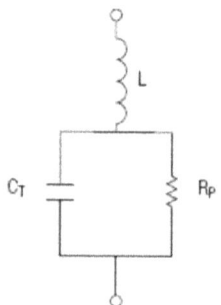

F > 1 / 2πrE
    Donde r es la resistividad de la región I.
    A frecuencias inferiores el diodo PIN se comporta como un varactor.
La resistencia paralelo es proporcional a la tensión e inversamente proporcional a la frecuencia. En la mayoría de las aplicaciones su valor es superior a la reactancia del capacitor paralelo y es poco significativa.

Modelo de conmutacion

    La velocidad de conmutación depende tanto del diodo como de las características del circuito de excitación. Las principales propiedades que determinan la velocidad de conmutación de los diodos PIN pueden explicarse como sigue:

    Un diodo PIN tiene dos velocidades de conmutación, directa-inversa T_{fr} e inversa-directa T_{rf}. La primera está determinada por la vida promedio de portador T. Este valor puede ser calculado como

$T_{fr} = \log e \, (1 + If / IR)T$

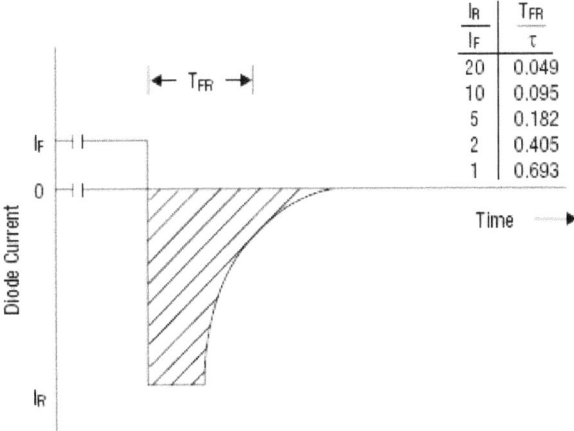

$\dfrac{I_R}{I_F}$	$\dfrac{T_{FR}}{\tau}$
20	0.049
10	0.095
5	0.182
2	0.405
1	0.693

Figura 3

    TRF depende fundamentalmente del ancho de la región I, W, como se muestra en la siguiente tabla que muestra datos típicos:

Modelo termico

I-Width	To 10 mA from		To 50 mA from		To 100 mA from	
μm	10 V	100 V	10 V	100 V	10 V	100 V
175	7 μs	5 μs	3 μs	2.5 μs	2 μs	1.5 μs
100	2.5 μs	2 μs	1 μs	0.8 μs	0.6 μs	0.6 μs
50	0.5 μs	0.4 μs	0.3 μs	0.2 μs	0.2 μs	0.1 μs

La máxima disipación está definida por:

$$PD = (T_j - T_a) / \theta \quad \text{Vatios}$$

La potencia se calcula como: $\qquad PD = R_s * I_{rf}^2.$

En la mayoría de las aplicaciones pulsadas, el ciclo útil es menor que el 10% y el ancho del pulso mucho menor que la constante de tiempo térmica del dispositivo. En estos casos puede aproximarse la resistencia térmica como:

$$\theta = D*\theta_{av} + \theta_p \quad \text{En grados centígrados sobre vatio.}$$

En el diagrama de la figura 4 se muestra como se comporta la temperatura de juntura durante una aplicación pulsante.

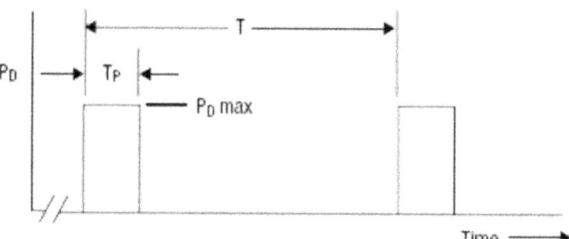

A. Power Dissipation

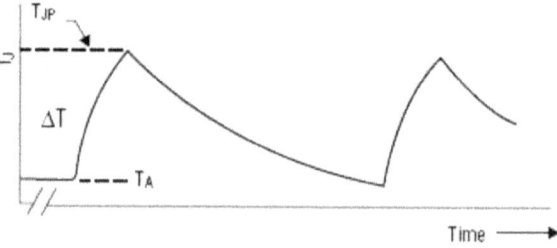

B. Junction Temperature

Figura 4

Aplicaciones de los diodos PIN

Llaves

Los diodos PIN son normalmente usados como llaves para controlar señales de RF. En estos casos el diodo se polariza para obtener alta o baja impedancia, dependiendo de la cantidad de carga acumulada en la región I.

Una llave no sintonizada simple puede tomar la forma serie o paralelo como se muestra en la figura 5.

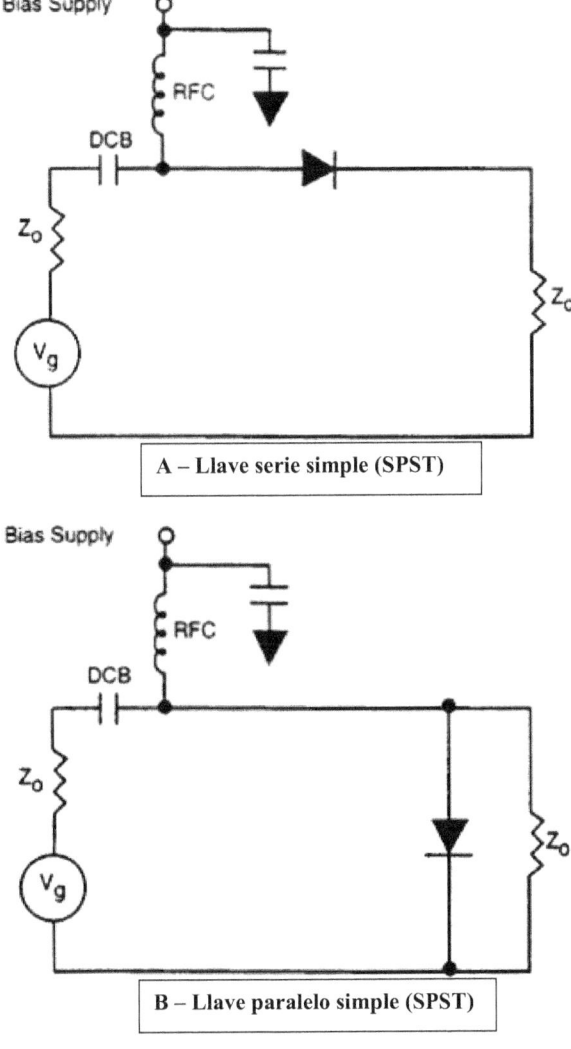

A – Llave serie simple (SPST)

B – Llave paralelo simple (SPST)

Figura 5

La conexión serie se usa para casos de bajas pérdidas y banda ancha. Además es simple de realizar en circuitos impresos ya que no se requieren agujeros metalizados en la plaqueta. La conexión paralelo produce mayor aislación sobre un mayor rango de frecuencias y mayores potencias ya que disminuye la complejidad de montaje del disipador.

Las configuraciones multipolo son más usadas que las simples. Usando éstas se obtienen comportamientos optimizados. En aplicaciones sintonizadas se usan llaves separadas un cuarto de longitud de onda en varias combinaciones para obtener las mejores características. Discutiremos los diversos tipos de configuraciones en la sección siguiente.

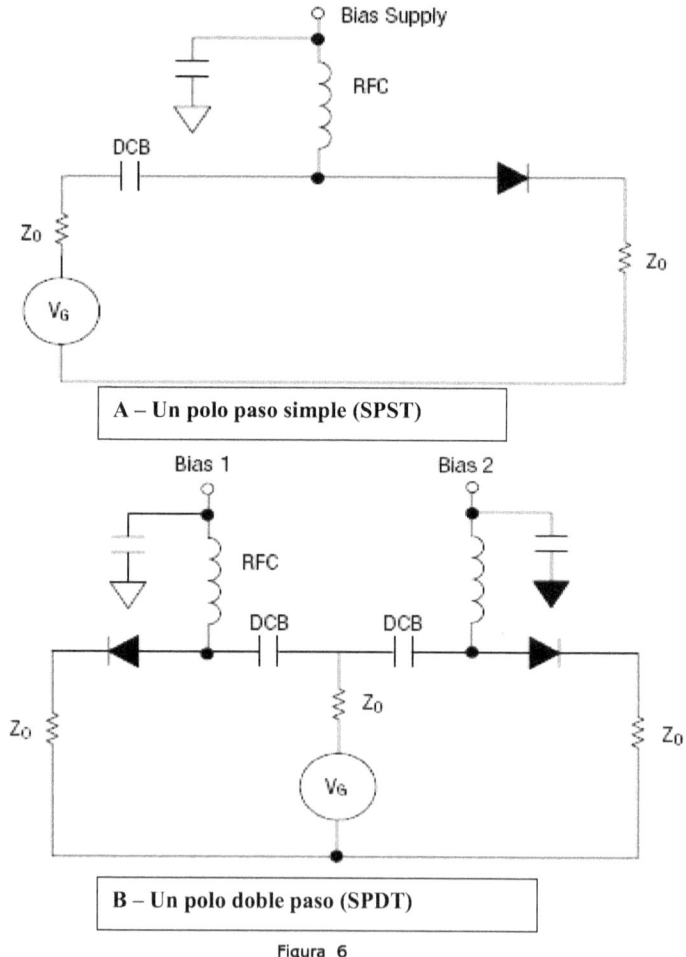

A – Un polo paso simple (SPST)

B – Un polo doble paso (SPDT)

Figura 6

Llaves serie

La figura 6 muestra dos tipos básicos de llaves con diodos PIN, polo simple y polo doble usadas normalmente en diseños de banda ancha. En ambos casos la llave habilita potencia sobre las cargas cuando se polariza directamnente y toma el estado de baja impedancia mientras que la bloquea al polarizarse en cero o inversamente y presentar alta impedancia entre el generador y la carga.

Cuando las llaves están conectadas en serie, la aislación máxima obtenible depende principalmente de la capacidad del diodo PIN mientras que las pérdidas de inserción son funciones de la resistencia del mismo. Los parámetros principales de una llave serie se pueden obtener de las siguientes ecuaciones:

A – Pérdidas de inserción:

$$P_I = 20 \log_{10} [1 + R_S / 2Z_0] \text{ dB} \qquad (1)$$

Esta ecuación es válida para llaves simples. La figura siete presenta su repersentación gráfica para un diseño de 50 Ohm.

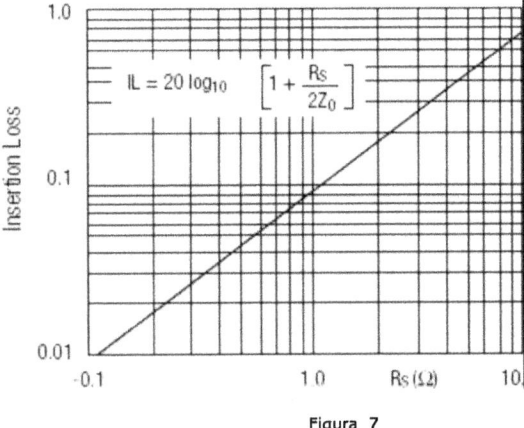

Figura 7

Para configuraciones multipolo las pérdidas son algo mayores debido a las capacidades de las llaves en alta impedancia. Estas pérdidas adicionales se pueden determinar de la figura 10 luego de haber calculado la capacidad paralelo de todas las ramas en alta mpedancia.

Aislación:

La mismas pueden computarse como: $\quad P'_i = 10 \log\left(1 + 1/\left(4\pi f C Z_0\right)^2\right) dB \quad (2)$

Esta ecuación es válida para una llave simple. Se deben agregar 6dB para llaves de dos elementos para tener en cuenta la reducción del 50% sobre el dido abierto dada la terminación del generador en su impedancia característica. La figura ocho presenta la aislación en función de la capacidad en llaves serie simples para el caso de llaves cargadas con 50 Ohm.

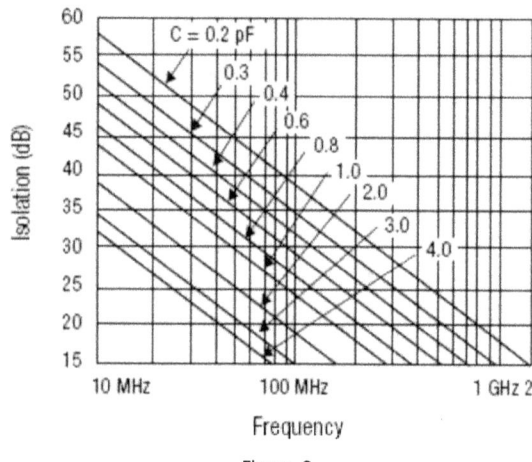

Figura 8

La disipación de potencia de la llave en conducción se calcula como:

$$P_d = \frac{4R_s Z_0 P_{av}}{(2Z_0 + R_s)^2} \qquad (3)$$

Para $R_s \ll Z_0$ puede aproximarse:

$$P_d = \frac{R_s P_{av}}{Z_0} \qquad (4)$$

Donde la potencia máxima disponible P_{av} está dada por:

$$P_{av} = \frac{V_g^2}{4Z_0} \qquad (5)$$

Si la relación de onda estacionaria σ no es unitaria las ecuaciones 3 y 4 deben multiplicarse por:

$$\left(\frac{2\sigma}{\sigma + 1}\right)^2$$

La corriente pico de la llave serie será:

$$I_p = \left(\frac{2P_{av}}{Z_0}\right)^{1/2} * \frac{2\sigma}{\sigma + 1}[Amp] \qquad (6)$$

En el caso de 50 Ohms se reduce a:

$$I_p = \left(\frac{P_{av}}{25}\right)^{1/2} * \frac{2\sigma}{\sigma + 1} \qquad (7)$$

Tensión pico de RF (llaves serie)

$$V_p = \left(8Z_0 P_{av}\right)^{1/2} * \frac{2\sigma}{\sigma + 1} \qquad (8)$$

que para 50 Ohm se reduce a: $\qquad V_p = 20\left(P_{av}\right)^{1/2} * \frac{2\sigma}{\sigma + 1} \qquad (9)$

LLAVES EN PARALELO

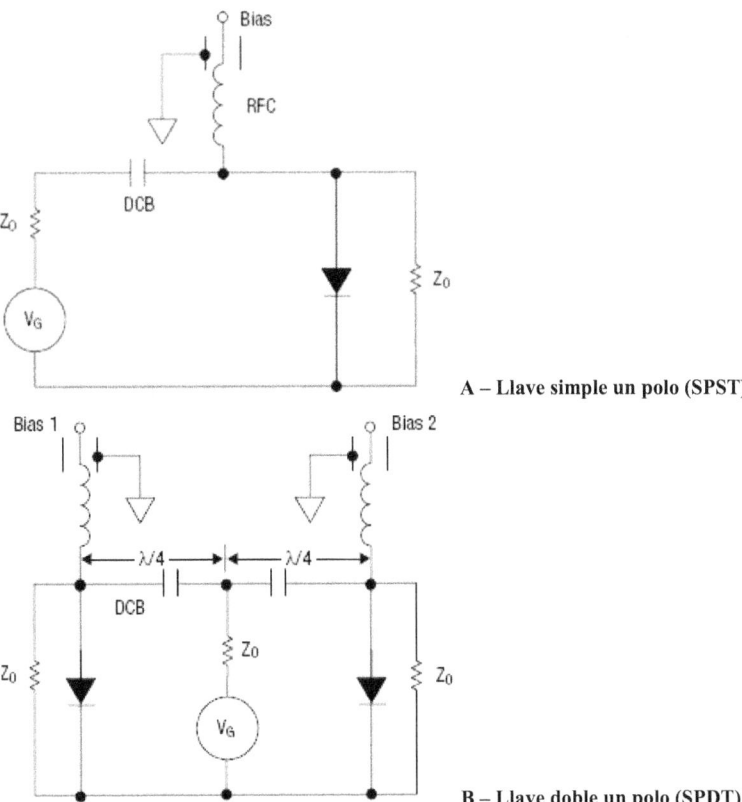

A – Llave simple un polo (SPST)

B – Llave doble un polo (SPDT)

Figura 9 Llaves conectadas en paralelo

La figura 9 muestra dos conexione típicas de diodos pin conectados como llaves en paralelo. Éstas ofrecen mayor aislación en algunas aplicaciones y, como los diodos pueden conectarse directamente a un disipador, manejan mayores potencias que la conexión serie.

En los diseños paralelo, la aislación y disipación son funciones de la resistencia de polarización directa, mientras que las pérdidas de inserción dependen básicamente de la capacidad del diodo.

- Pérdidas de Inserción $P_I = 10\log\left[1 + \pi f C_T Z_0\right]\left[dB\right]$ (10)

Esta fórmula es aplicable en ambos casos

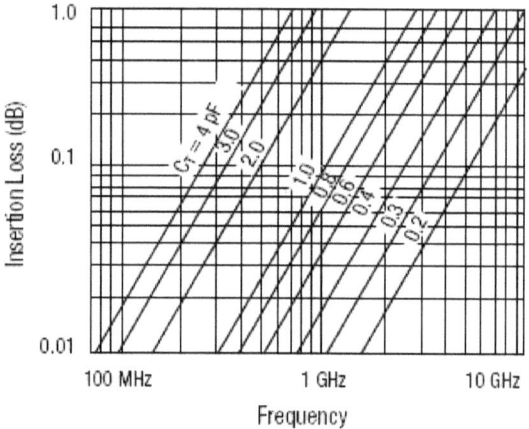

Figura 10 Pérdidas de inserción para sistemas paralelo de 50 Ohm

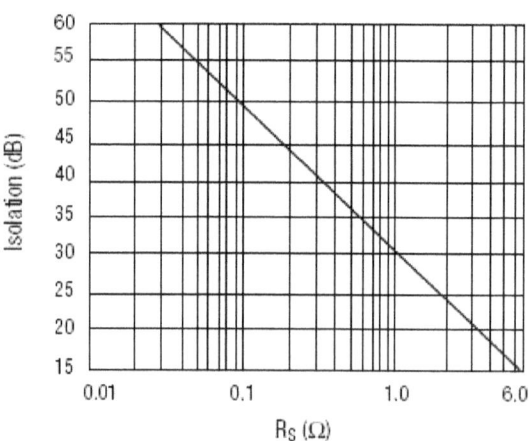

Figura 11 Aislación en sistemas de 50 Ohm

- Aislación $\quad A = 20\log\left[1 + Z_0 / 2R_S\right][dB] \quad$ (11)

Válida para llave simple. Se agregan 6 dB para llaves múltiples.

- Disipación $\quad P_D = \dfrac{4R_S Z_0}{\left(Z_0 + 2R_S\right)^2} P_{AV}\,[W] \quad$ (12)

donde $P_{AV} = V_g^2/4Z_0$ (Llave cerrada)

Si $R_S \ll Z_0 \quad P_D = \dfrac{4R_S}{Z_0} P_{AV}\,[W] \quad$ (13)

Donde $\quad P_{AV} = \dfrac{V_G^2}{4Z_0}\,[W] \quad$ (14)

- Disipación (pol. Inversa) $P_D = \dfrac{P_{AV} Z_0}{R_P}\,[W] \quad$ (15) $\quad$ (R_P resistencia paralelo).

- Corriente pico $\quad I_P = \left(\dfrac{2P_{AV}}{Z_0}\right)^{1/2} \dfrac{2\Gamma}{\Gamma+1}\,[A] \quad$ (16)

Para un sistema de 50 Ohm $\quad I_P = 1/5\left(P_{AV}\right)^{1/2} \dfrac{2\sigma}{\sigma+1}\,[A] \quad$ (17)

- Tensión pico $\quad V_P = \left(2Z_0 P_{AV}\right)^{1/2} \dfrac{2\sigma}{\sigma+1}\,[V] \quad$ (18)

Para 50 Ohm $\quad \dfrac{2\sigma}{\sigma+1} \quad$ (19)

Llaves compuestas y sintonizadas

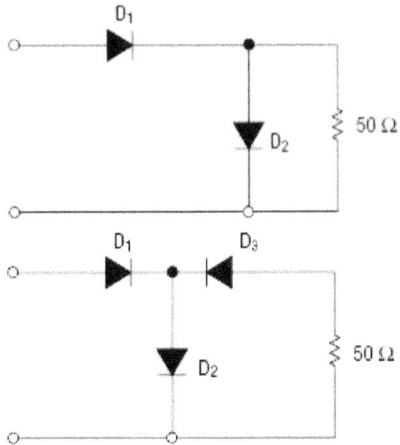

Figura 12 Llaves en "L" y en "T" (sin polarización)

En la practica es difícil conseguir más de 40 dB de aislación con una sola llave. La causa sule ser radiación en el medio e inadecuado blindaje. Para superar esto existen diseños que emplean combinadiones de diodos en serie y en paralelo (llaves compuestas) y llaves que emplean elementos resonantes (llaves sintonizadas) que producen mejores resultados. Las dos connfiguraciones mas comunes de llaves compuestas son la "L" y la "T" que se muestran en la figura 12 (sin desacoples ni polarizaciones).

En el estado activo los diodos serie ese polarizan directamente e inversamente los diodos paralelo. Esto complica la polarización.

En la figura 13 se presenta una síntesis de fórmulas para calcular la aislación y las pérdidas de inserción de estas llaves.

Type	Isolation	Insertion Loss (dB)
Series	$10 \log_{10}\left[1 + \left(\dfrac{X_C}{2Z_0}\right)^2\right]$	$20 \log_{10}\left[1 + \dfrac{R_S}{2Z_0}\right]$
Shunt	$20 \log_{10}\left[1 + \dfrac{Z_0}{2R_S}\right]$	$10 \log_{10}\left[1 + \left(\dfrac{Z_0}{2X_C}\right)^2\right]$
Series-Shunt	$10 \log_{10}\left[\left(1 + \dfrac{Z_0}{2R_S}\right)^2 \right.$ $\left. + \left(\dfrac{X_C}{2Z_0}\right)^2\left(1 + \dfrac{Z_0}{R_S}\right)^2\right]$	$10 \log_{10}\left[\left(1 + \dfrac{R_S}{2Z_0}\right)^2 \right.$ $\left. + \left(\dfrac{Z_0 + R_S}{2X_C}\right)^2\right]$
TEE	$10 \log_{10}\left[1 + \left(\dfrac{X_C}{Z_0}\right)^2\right]$ $+ 10 \log_{10}\left[\left(1 + \dfrac{Z_0}{2R_S}\right)^2 + \left(\dfrac{X_C}{2R_S}\right)^2\right]$	$20 \log_{10}\left[1 + \dfrac{R_S}{Z_0}\right]$ $+ 10 \log_{10}\left[1 + \left(\dfrac{Z_0 + R_S}{2X_C}\right)^2\right]$

Figura 13 Fórmulas de aplicación

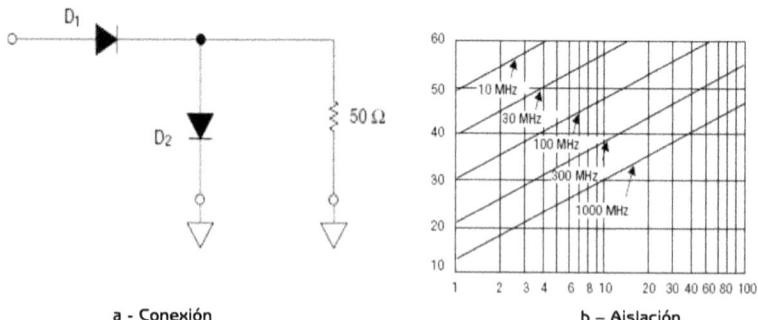

a - Conexión   b – Aislación

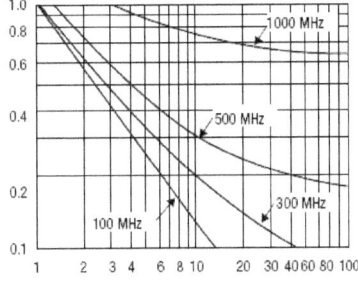

c – Pérdidas de inserción

Figura 14 Esquema de conexión aislación. y pérdidas de inserción

La figura 14 nos muestra el comportamiento de una llave "L" que usa los diodos M/A-COM MA4P709. Estos tienen una cpacidad máxima de 3,3 pF y una resistencia máxima de 50 Ohm a 100 mA. En comparación, una llave simple serie usando el mismo diodo tendría similares pérdidas de inserción que la línea de 100MHz y la aislación seria de 15 dB máximo a 100 MHz cayendo 6 dB por octava a frecuencias mayores.

Una llave sintonizada se obtiene separando dos llaves simples por una línea de un cuarto de longitud de onda como se muestra en la figura 15. La aislación es el doble que en una llave simple y las pérdidas de inserción son mayores. Se pueden calcular usando la suma de las resistencias Rs en la ecuación 1. En la llave sintonizada las pérdidas de inserción pueden ser incluso menores que en una llave simple a causa de los efectos de las capacidades de los diodos separados un cuarto de longitud de onda.

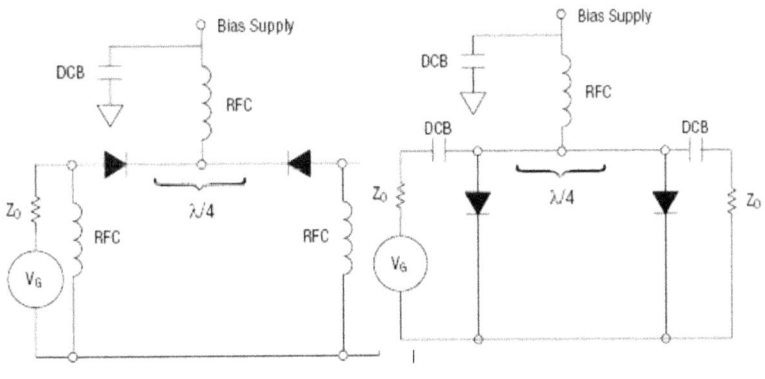

Figura 15

Esta separación no se limita sólo al caso de frecuencias donde puedan usarse líneas de transmisión ya que las mismas pueden reemplazarse por sintonizados discretos como se ve en la figura16. Estas técnicas son aplicables cuando el ancho de banda es menor que el 10% de la frecuencia de trabajo.

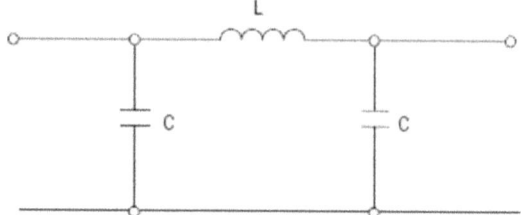

Figura 16 Circuito equibalente de línea 1/4λ

Donde: $L = \dfrac{Z_0}{2\pi f}\,[Hy]$ y $C = \dfrac{1}{2\pi f Z_0}\,[Faradios]$

Llaves de transmisión recepción

Hay una clase de llaves usadas en transceptores cuya función es conmutar la antena entre el transmisor y el receptor del equipo. Cuando se usan diodos PIN en estas aplicaciones se obtienen mayor confiabilidad, menor fragilidad y mayor velocidad de conmutaicón que con las llaves electromecánicas.

La configuración básica para una llave electrónica consiste en un diodo PIN conectado en serie con el transmisor y un diodo en paralelo con la entrada del receptor conectado a un cuarto de longitud de onda. (pueden usarse elementos discretos para generer esta condición).

En modo transmisión se polarizan directamente ambos diodos de manera que se obtiene baja impedancia de transmisor a antena y se minimiza la sobrecarga del receptor. Las pérdidas de inserción en transmisión y la aislación del receptor dependen de la resistencia R_S. Si ésta es de 1Ω se pueden esperar aislaciones mayores que 30dB y pérdidas de inserción menores que 0,2 dB dentro de un ancho de banda del 10 %.

En modo recepción, los diodos abiertos presentan una baja capacidad C_t que crea un camino de bajas perdidas entre antena y receptor mientras que el transmisor queda aislado por una elevada impedancia.

La potencia manejable P_A depende de la disipación del diodo P_D, de la resistencia R_S y de la relación de onda estacionaria σ.

$$P_A = \left(\dfrac{\sigma+1}{2\sigma}\right)^2 \dfrac{P_D Z_0}{R_S}\,[W]$$

Para un sistema de 50 Ohm con $\sigma=4$ $P_A = 12{,}5\dfrac{P_D}{R_S}\,[W]$

Con esta ecuación puede verse que usando dos MA4P709 polarizados a un Amper donde la R_S es de 0,2 Ω instalados en un disipador a 50°C (que permite al dispositivo disipar 50 Watt) pueden manejarse hasta 2,5 kW en antena totalmente desadaptada y hasta 10 kW en el caso de adaptación completa.

El MA47266 es un diodo PIN axial especificado para disipar 1,5 W sobre una longitud de contacto de 12,7mm a 50°C. Su resistencia es de 0,5 Ω a 50mA. Una llave sintonizada usando dos de éstos dispositivos puede controlar hasta 40W en una antena totalmente desadaptada.

Debe señalarse que el diodo paralelo disipa prácticamente la misma potencia que el diodo serie ya que la corriente por ambos es la misma.

Se pueden diseñar llaves de banda ancha con diodo serie como muestra la figura 18. La limitación de frecuencia surge principalmente de la capacidad de D_2. En este caso la polarización directa se da a D_1 durante la transmisión y a D_2 durante la recepción. En aplicaciones de potencia mayor que 50W es necesario aplicar polarización inversa a D_2 en transmisión. Esto puede obtenerse por fuente negativa en D_2 o por la tensión producida en R al circular corriente por D_1.

La selección de D_1 se basa fundamentalmente en la potencia. No necesita especiales requerimientos de tensión ya que durante la transmisión se encuentra en baja impedancia. La función principal de D_2 es el bloqueo de potencia hacia el receptor por lo que debe soportar la máxima tensión de RF que se espera a la salida. Se selecciona principalmente por su capacidad que determina el límite superior de frecuencia y su influencia en la distorsión de la señal.

Con un MA47266 como D_1 y un 1N5756 como D_2 se pueden obtener mas de 25 dB de aislación hasta 400 MHz. Las pérdidas de inserción pueden ser de 0,1 dB en transmisión y 0,3 dB en recepción polarizando a 50 mA , con lo que pueden controlarse hasta 50W.

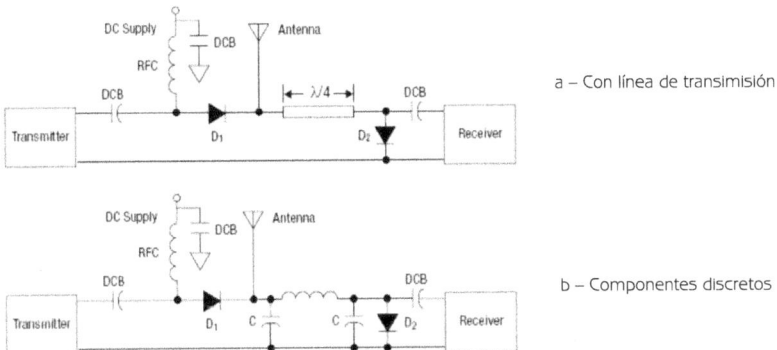

a – Con línea de transimisión

b – Componentes discretos

Figura 17 Llaves de antena de ¼ λ

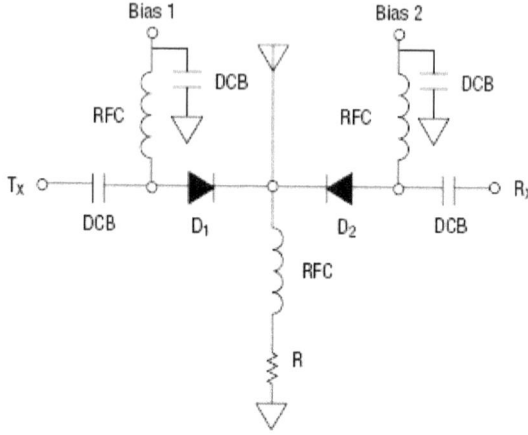

Figura 18 Llave antena de banda ancha

Claves prácticas de diseño

El comportamiento de los diodos PIN en RF se ajusta estrechamente a las ecuaciones de diseño. Cuando una llave no se comporta satisfactoriamente la causa no suele deberse a los mismos sino a otras limitaicones del circuito como pérdidas parásitas, interferencias en el circuito de polarización o longitudes de pines excesivas (principalmente con diodos paralelo).

En un diseño nuevo se aconseja evaluar las pérdidas del circuito asociado reemplazando los diodos por puentes o circuito abierto lo que permite eliminar los problemas mencionados antes de insertar los diodos.

Atenuadores con diodos PIN

Para estas aplicaciones los diodos no se usan como llaves abiertas o cerradas sino como resistencias controladas por corriente. Dicha resistencia depende de la corriente de polarización directa I_F ancho de la región I, W , vida media de portador τ y movilidad de electrones y huecos como se muestra:

$$R_S = \frac{W^2}{\left(\mu_e + \mu_h\right)I_F\tau}\left[\Omega\right] \quad (1)$$

Valores típicos de estos parámetros son:
W = 250μm
τ = 4μs
μ_h = 0,05 m^2/v*s
μ_e = 0,13 m^2/v*s

Para realizar diseños de atenuadores debe prestarse atención especial al rango de resistencia del diodo que definirá el rango dinámico del mismo. Los atenuadores con diodos PIN tienden a distorsionar más que las llaves debido a su operación en bajas cargas almacenadas. Esta distorsión tiende a disminuír incrementando el espesor de la región I aunque esto implica mayores corrientes de polarización para la misma resistencia R_S.

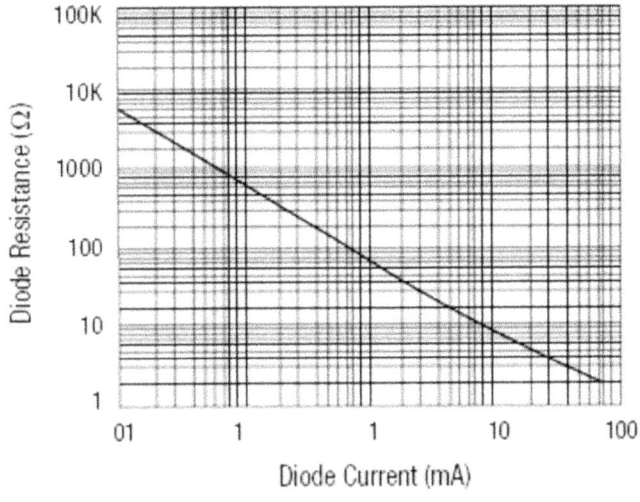

Figura 19 Curva típica Rs-Id

Los atenuadores con diodos PIN son muy usados en Controles Automáticos de Ganancia, ajustes de nivel de RF y moduladores. En la figura 20 se muestra una configuración típica de CAG. El atenuador puede tomar una amplia gama de configuraciones, desde un circuito serie o paralelo de un solo elemento hasta estructuras complejas que mantienen adaptación de impedancia constante en todo el rango dinámico del mismo.

Aunque existen diversos métodos para realizar AGC como variar la ganancia del transistor amplificador de RF, el uso de diodos PIN conduce a soluciones de menores pérdidas, menor dispersión de frecuencia y menor distorsión. Esto último es especialmente cierto si se usan diodos de región I gruesa y vida media de portador extendida. Con estos criterios pueden obtenerse atenuadores de gran rango y baja distorsión para frecuencias desde menos de 1 MHz hasta más de 1 GHz.

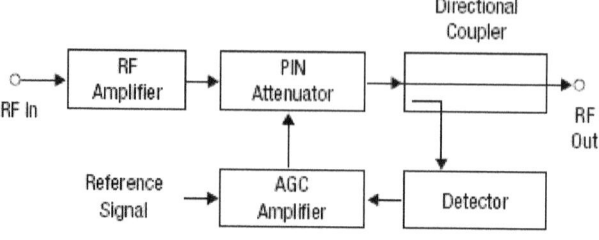

Figura 20 Esquema de un control automático de ganancia

Atenuadores reflectivos

Los atenuadores pueden diseñarse usando diodos en serie o en paralelo como se muestra en la figura 21. Éstos utilizan la resistencia controlada por corriente de manera que la atenuación puede calcularse como sigue:

Conexión serie: $\quad A = 20\log(1 + \dfrac{R_S}{2Z_0}\,[dB]$ $\qquad$ (2)

Conexión Paralelo: $\quad A = 20\log(1 + \dfrac{Z_0}{2R_S}\,[dB]$ $\qquad$ (3)

Estas ecuaciones están limitadas por la capacidad C_P en frecuencias elevadas donde la reactancia se hace comparable a la resistencia

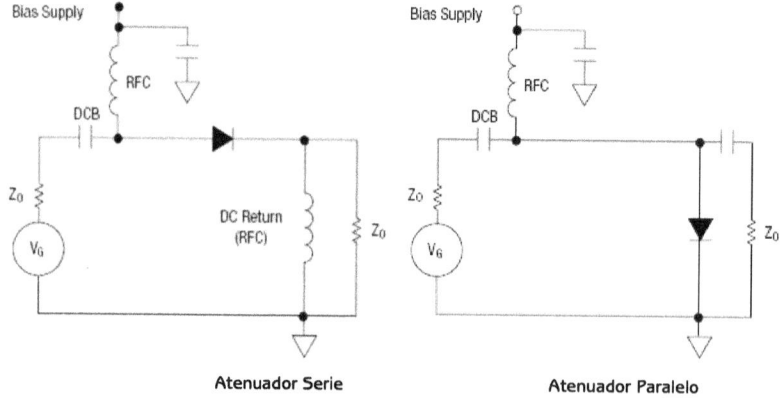

Atenuador Serie $\qquad\qquad$ **Atenuador Paralelo**

Figura 21

Atenuadores apareados

Los atenuadores descritos se basan en la desadaptación de impedancias entre generador y la carga. Pueden hacerse atenuadores que presenten impedancia constante sobre todo el rango de usando varios diodos PIN polarizados a diferentes corrientes o circuitos de banda angosta mediante elementos sintonizados. Éstos se describen a continución.

Atenuadores hibridos de cuadratura

Aunque pueden hacerse atenuadores apareados combinando un circulador de ferrite con un atenuador reflectivo, el modo más común usa circuitos híbridos de cuadratura. Se dispone de éstos para frecuencias debajo de los 10 MHz hasta más de 1GHz para un rango de frecuancias superior a una década. Se presentan circuitos típicos en las figuras 22 y 23 y la atenuación se calcula como sigue:

Híbrido de cuadratura serie:
$$A = 20\log(1 + \frac{2Z_0}{R_S}\left[dB\right]$$
(4)

Híbrido de cuadratura paralelo:
$$A = 20\log(1 + \frac{2R_S}{Z_0}\left[dB\right]$$
(5)

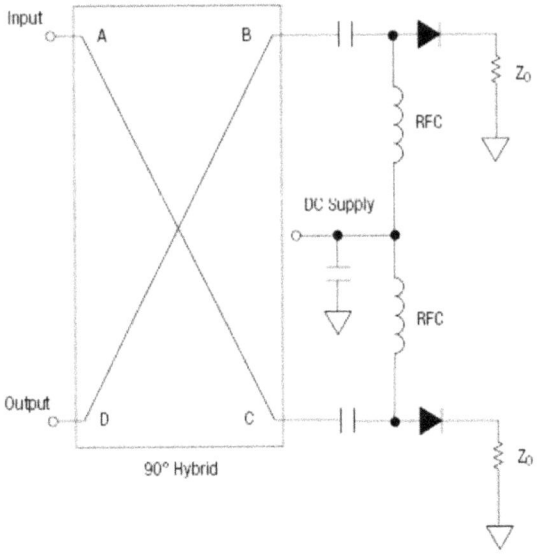

Figura 22 Atenuador apareado Híbrido de Cuadratura (Serie)

El diseño híbrido de cuadratura es superior al de circulador por su menor costo y la capacidad de operar a frecuencias más bajas. Al dividirse la potencia en dos vías, la configuración híbrida puede manejar el doble de potencia que la configuración serie o paralelo. Puede demostrarse que la disipación máxima de cada diodo es un cuarto de la incidente y esto ocurre para una atenuación de 6dB. Cada resistor debe ser capaz de disipar la mitad de la potencia para la máxima atenuación. Ambos ofrecen buen rango dinámico. La configuración serie se prefiere para atenuaciones superiores a 6 dB y la paralelo para bajas atenuaciones (A< 6dB)

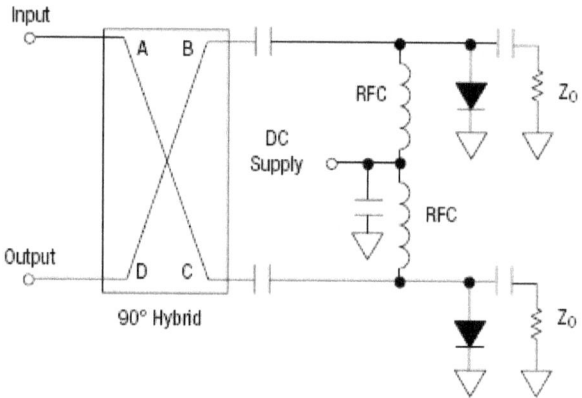

Figura 23 Atenuador apareado Híbrido de Cuadratura (paralelo)

Los atenuadores híbridos de cuadratura también pueden realizarse sin resistores de carga conectados en serie o en paralelo con el diodo PIN como se muestra. En estos casos la corriente directa se incrementa desde los $R_S = 50\ \Omega$, máxima atenuación, hacia valores menores de resistencia. Esto conduce a mayores valores de carga almacenada para menores atenuaciones lo que mejora la distorsión. Los resistores de carga se usan tanto para disminuír la sensibilidad a las diferencias entre los diodos como para duplicar la potencia manejada.

Atenuadores de cuarto de longitud de onda

Pueden realizarse atenuadores adaptados utilizando técnicas de cuarto de longitud de onda como se muestra en las figuras 24 y 25. Las líneas pueden reemplazarse por sintonizados para frecuencias mas bajas como puede verse en la figura 26.

El comportamiento de estos circuitos puede calcularse como:

$$A = 20\log(1 + \frac{Z_0}{R_S}[dB]\quad\text{para diodo serie}$$

$$A = 20\log(1 + \frac{R_S}{Z_0}[dB]\quad\text{para diodo paralelo.}$$

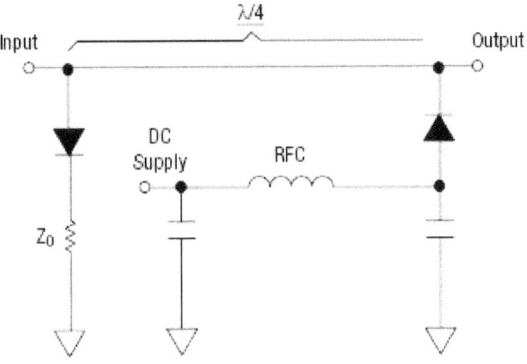

Figura 24 Atenuador serie de 1/4λ

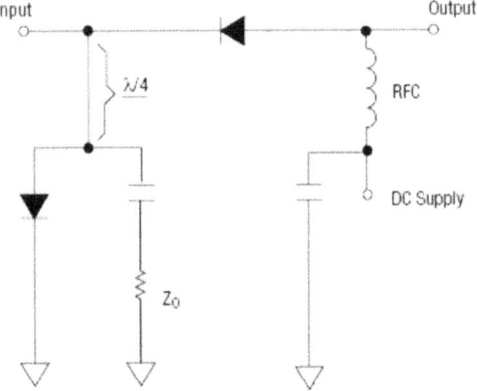

Figura 25 Atenuador paralelo de 1/4λ

La condición de adaptación se da cuando ambos diodos presentan la misma resistencia lo que debe producirse usando diodos similares ya que al estar en serie circula por ellos la misma corriente.

La configuración serie se recomienda para atenuaciones elevadas y la paralelo para bajos valores de la misma.

Atenuadores en "T" puenteada y PI

Para tenuadores adaptados de banda ancha, especialmente las que cubren el rango de 1 MHz a UHF, se usan configuraciones de varios diodos PIN. Dos buenos ejemplos de este caso son las configuraciones en T puenteada y Pi que mostramos en figuras 9 y 10.

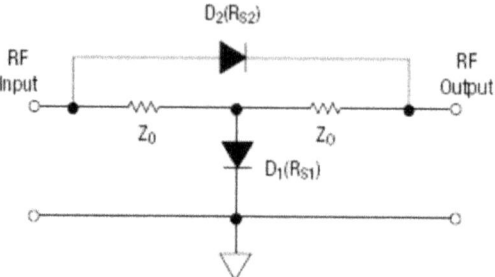

Figura 27 Atenuador "T" puenteada

"T" puenteada

$$A = 20\log(1 + \frac{Z_0}{R_{S1}}\left[dB\right] \quad (8)$$

Donde: $\quad Z_0 = R_{S1}xR_{S2} \quad (9)$

La relación entre las resistencias de ambos diodos asegura la condición de adaptación para todo el rango de atenuaciones.

"PI"

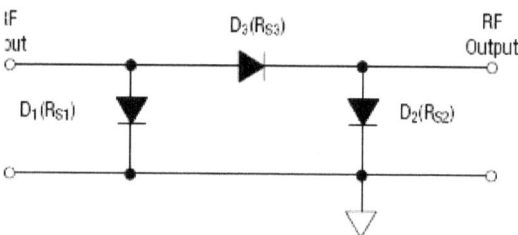

Figura 28 Atenuador π

$$A = 20\log(+\frac{R_{S1}+Z_0}{R_{S1}-Z_0}\left[dB\right] \quad (10)$$

Donde: $\quad R_{S3} = \frac{2R_{S1}Z_0^2xR_{S2}}{R_{S1}^2-Z_0^2} \quad (11)$

y $\quad R_{S1} = R_{S2} \quad (12)$

En la figura 29 mostramos una gráfica de atenuación en función de la resistencia para un atenuador PI de 50 Ω. Notese que el valor mínimo de resistencia de los diodos es de 50 Ω. En ambas configuraciones las diferentes corrientes de polarización deben asegurar los valores de resistencia de los diodos para mantener la condición de adaptación de impedancias.

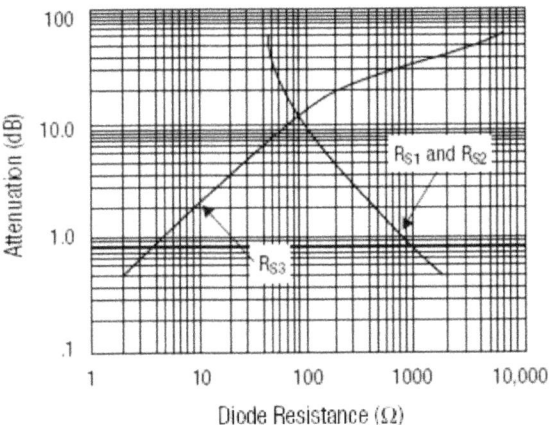

Figura 29 Atenuación de configuración π

Moduladores con diodos PIN

Las llaves y atenuadores pueden usarse como moduladores de amplitud en RF. Las modulaciones de onda cuadrada y ancho de pulso usan llaves mientras que los moduladores lineales usan atenuadores.

El diseño de aplicaciones de alta potencia o de baja distorsión sigue los lineamientos de las llaves y atenuadors. Los diodos PIN empleados deben tener regiones "I" gruesas y vida media de portadores prolongada. Las configuraciones en serie o, preferentemente, "back to back" reducen la distorsión. Esto implica disminución en la máxima frecuencia de trabajo y mayor requerimiento de corriente de polarización.
Se recomienda el uso de bloques híbridos de cuadratura para el diseño de moduladores. Su aislación intrínseca minimiza la sobrecarga y las distorsiones de fase del excitador.

Desplazadores de fase con diodos PIN

En el diseño de desplazadores de fase con diodos PIN, éstos se utilizan como llaves serie o paralelo. En estos casos se conmutan longitudes de línea de transmisión o elementos reactivos.
Los criterios de selección son los usuales en aplicaciones de llave. Además debe cuidarse la posibilidad de introducir distorsión de fase, especialmente a potencias elevadas o bajas tensiones inversas de polarización.

Es de destacar que las características que conducen a baja distorsión de amplitud también implican baja distorsión de fase. (Vida media de portador prolongada y región "I" gruesa).

A continución describimos los tres tipos mas comunes, línea conmutada, línea cargada y acoplamiento híbrido.

Desplazador de fase de línea conmutada

En la figura 30 mostramos un ejemplo básico de este tipo. En este caso se usan llaves inversoras de polo simple para cambiar la longitud de una línea en un valor Δl. El cambio de fase puede expresarse como:

$$\Delta \Theta = 2\pi \Delta l / \lambda \text{ radianes.} \qquad (13)$$

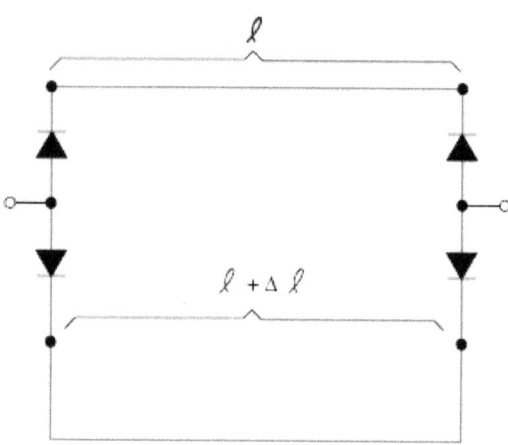

Figura 30 Desplazador de línea conmutada

El desplazador de fase de línea conmutada es, inherentemente, un circuito de banda ancha que produce un retardo real. La capacidad de los diodso PIN limita su aplicación hasta frecuencias de un gigahertz.

Las características de potencia, corriente y tensión son las usuales en llaves serie y son las mismas para todos los diodos usados.

Desplazadores de fase de línea cargada

Este diseño se muestra en la figura 31 y su principio de operación consiste en producir pequeños despalzamientos en varios puntos de la línea mediante la aplicación de cargas reactivas. La ventaja principal de esta configuración está en el hecho de que cada diodo debe manejar una potencia mucho menor que en la llave serie.

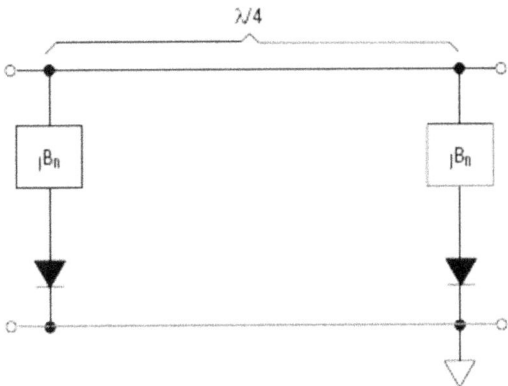

Figura 31 Desplazador de fase de línea cargada

La suceptancia normalizada B_n que se aplica en cada punto es mucho menor que la unidad y el desplazamiento de fase de cada una puede calcularse como:

$$\Theta = 2\tan^{-1} [\ B_n / (1 - 0,125\ B_n)\ \text{radianes}$$

El desplazamiento de fase máximo está limitado por el ancho de banda y la potencia manejable por cada diodo. Ésta puede calcularse para cada sección como:

$$\Theta_{max} = 2\tan^{-1} (V_{br} * I_f / 4P_L)\ \text{radianes}$$

Donde: Θ_{max} ángulo máximo
  V_{br} Tensión de bloqueo inverso.
  I_f Corriente directa especificada.
  P_L Potencia transmitida.

Estos factores limitan el despalzamiento de fase de cada sección en circutos prácticos a 45^0.

Desplazadores de fase reflectivos

El desplazador de fase híbrido que se muestra en la figura 32 puede manejar elevadas potencias de RF y producir elevados despalzamientos de fase con la mínima cantidad de diodos PIN. El desplazamiento de fase puede calcularse como sigue:

$$\Theta = 4\pi\Delta l / \lambda \quad \text{radianes} \qquad (16).$$

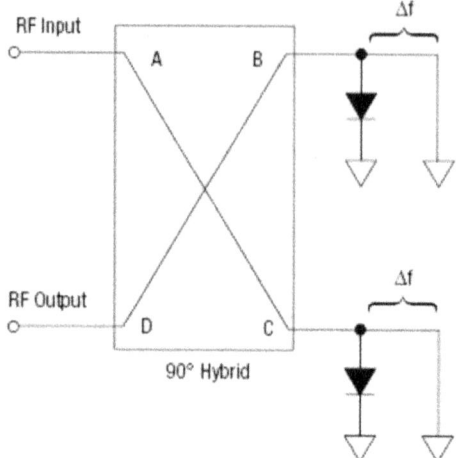

Figura 32 Desplazador reflectivo de acoplamiento híbrido

Las exigencias de tensión en los diodos paralelo de este circuito dependen también de el desplazamiento de fase deseado en cada sección. La mayor tensión se produce para 180^0 y se reduce en un factor $[\text{sen}(\Theta/2)]^{1/2}$ para desplazamientos menores. A continuación describimos la relación entre ángulo de desplazamiento máximo, potencia transmitida y características de los diodos PIN:

$$\Theta_{max} = 2\text{sen}^{-1}(V_{BR}*I_f / 8P_L) \quad \text{radianes} \quad (17).$$

Este diseño puede manejar el doble de potencia de pico que el circuito de línea cargada para los mismos diodos. En ambos el desplazamiento de fase máximo estpa relacionado con la tensión y correiente especificadas para los diodos. Las exigencias de tensión y corriente pueden ajustarse para caer dontro de las especificaciones de los diodos mediante la selección adecuada de la impedancia nominal en el punto de inserción de los mismos. Esto suele implicar la reducción de la impedancia nominal para reducir las exigencias de tensión aumentando la corriente máxima en el diodo PIN. Ésta debe ser especificada o puede estar limitada por la potencia disipada mientras que la tensión máxima en RF depende del espesor de la región "I".

Modelo de distorsión del diodo pin

Las primeras secciones de este artículo tratan de la operación en potencia. Una característica de operación sutil pero a menudo significativa es la distorsón, siempre presente en señales manejadas con diodos PIN.

La causa principal de la distorsión es la no linealidad del diodo durante el ciclo de RF aplicada. Ésta puede estar asociada con la resistencia serie R_S, la resistencia paralelo R_P, capacidad C_T, o efectos de la curva característica I-V de baja frecuencia. Los niveles de distorsón pueden ser desde -100dB hasta 0 dB respecto de la señal manejada. Ésta puede analizarse por serie de Fourier y tomar la forma tradicional de distorsión armónica de todos los órdenes y de distorsión harmónica por intermodulación cuando se trata con varias señales.

El comportamiento no lineal es a menudo deseable en diodos PIN y otros semiconductores para aplicaciones en RF. Diodos limitadores de autopolariazación pueden realizarse con diodos PIN de región "I" delgada operando cerca o debajo de su frecuencia de transcisión. En detectores y mezcladores se usa la capacidad del diodo para seguir su curva I-V en altas frecuencias. Desde esta óptica, el término "detector de ley cuadrática" aplicado a diodos detectores implica un generador de distorsión de segundo orden. A continuación describimos métodos para seleccionar y operar dodos PIN obteniendo bajas distorsiones.

El factor principal asociado con la distorsión en diodos PIN está en la vida media de los portadores minoritarios. El otro factor de importancia es el espesor dela region "I", que determina el tiempo de tránsito, y por ende, su capacidad de seguir el modelo de carga acumulada de acuerdo con:

$$Q = I_f * \tau \ \text{Coulombios}$$

Y

$$R_S = W^2 / (\mu_p + \mu_n)Q \ \text{Ohms}$$

En lugar de su característica de baja recuencia I-V.

El efecto de la vida media de portador se relaciona con las variaciones de carga producidas por la señal de RF respecto de la carga total inducida por la corriente de polarización.

Distorsión en llaves con diodos pin

Los estudios de distorsión en llaves realizadas con diodos PIN demuestran la existencia de una correlación entre la carga acumulada, la resistencia del diodo y la frecuencia. Los modelos desarrollados permiten predecir los puntos de intercepción para distorsión de segundo y tercer orden, que se presentan a continuación:

$$IP_2 = 34 + 20\log (F*Q / R_S) \ \text{dBm} \quad (20)$$

$$IP_3 = 21 + 15\log (F*Q / R_S) \ \text{dBm} \quad (21)$$

Donde:F frecuencia en MHz.

R_S Resistencia del diodo PIN en Ohms.

Carga acumulada en nanoCoulombios.

En la mayoría de las aplicaciones, la distorsión producida por la condición de polarización inversa es menor que en la condición de conducción para señales pequeñas y moderadas. Esto es especialmente válido cuando la polarización inversa es mayor que el valor pico de señal, lo que previene cualquier entrada en conducción instantáne.

La distorsión puede reducirse conectando dos diodos en oposición (ánodo con ánodo o cátodo co0n cátodo). De esta manera se cancelan corrientes de distorsión. Esta cancelación está limitada por las diferencias en la distorsión producida por cada diodo pero puede esperarse una reducción del orden de los 20 dB con esta configuración.

Distorsión en circuitos atenuadores

En estas aplicaciones el diodo opera siempre en la condición de polarización directa y la distorsión es proporcional a la relación entre corriente de RF y carga acumulada. Al operar en rango de resistencias R_S elevadas la carga acumulada tiende a ser muy pequeña. Esto implica que el nivel de distorsión varía de acuerdo con la atenuación, sindo mayor a medida que se incrementa la atenuación deseada. Los diodos PIN para esta aplicación deben seleccionarse en función del espesor de la región "I" ya que éste determina el valor de dicha resistencia.

Consideremos que se usa un diodo MA4PH451 en una aplicación que requiere uan resistencia de 50 Ohm. Este valor se obtiene para una corriente directa de 1 mA. La carga acumulada en este caso es de 5 nC ya que la vida media de portador alcanza los 5 μs. Si usamos dos diodos en serie , cada uno deberá olarizarse a 2 mA con lo que la carga mencinada llegará a los 20nC. Este procedimiento nos asegura una importante reducción de la distorsión producida en atenuadores.

Mediciones de distorsión

Estas mediciones requieren precauciones especiales cuando deben medirse valores de 50 dB o superiores. Debe comenzarse por asegurar una fuente libre de armónicas y un analizador cuyo rango dinámico cubra por completo la máxima relación que se espera.

Es usual reemplazar los diodos por elementos pasivos para evaluar previamente el procedimiento de medición y determinar sus limitaciones.

Se suelen agregar filtros al generador en la frecuencia fundamental, y filtros adicionales a las frecuencias múltiplo que se desean medir en la salida del sistema. Como elemento auxiliar en al identificación de la distorsión de segundo orden puede tenerse en cuenta que ésta es directamente proporcional al nivel de la fundamental de manera que variando la amplitud de la señal en una proporción definida debe obtenerse la misma relación en la distorsión de segundo orden. La distorsión de tercer orden varía en proporción doble respecto de la señal fundamental.

La intermodulación de tercer orden entre dos señales de frecuencias F_A y F_B pueden caer dentro de la banda de interés, siendo imposible filtrarlas, a las frecuencias $2F_A - F_B$ y $2 F_B - F_A$.

Este tipo de interferencia es especialmente molesta en receptores próximos a transmisores operando en canales igualmente espaciados.

BIBLIOGRAFÍA

Lazos enganchados en fase: bibliografía

Estado sólido en ingeniería de radiocomunicaciones **Krauss-Bostian-Raab**

- ☐ *Agilent Technologies Phase Locked Loops for Hig Frecuency Recivers and Transmitters* **Curtin-O´Brien** Part 1, Part 2 and Part 3.
- ☐ *Analog Devices RF* **Bulletin January 03**.
- ☐ Motorola AN535 *Phase Locked Loop Fundamentals*
- ☐ Motorola AN 1253 *An Improved PLL Design Method Without ζ and ω_n*
- ☐ Motorola AN 1277 *Offset Reference PLLs for Fine Resolution or Fast Hopping*
- ☐ *Software Easypll de National para cálculo diseño de PLL's de tercer orden.*
- ☐ *Simulación de PLL de 100kHz con Protel 99SE,* **Ing. Gustavo Carranza**
- ☐ *APN1006 de Alpha Industries A Colpitts VCO for Wideband (0.95–2.15 GHz)*
- ☐ *Teoría de los Lazos Enganchados en Fase* **Ing. Daniel Rabinovich**

Amplificadores de señal débil sintonizados: Bibliografía

- ☐ *Estado sólido en ingeniería de radiocomunicaciones* Krauss-Bostian-Raab
- ☐ *RF Circuit Design-Bowik*
- ☐ *Small Signal Microwave Amplifier Design-Grosch*
- ☐ *Agilent AN 154 S Parameter Design*
- ☐ *California Eastern Laboratories AN1022 Designing Low Noise Amplifiers for PCS Applications.*
- ☐ Motorola AN 215A *RF Small Signal Design using two port parameters*
- ☐ Motorola AN 238 *Transistor Mixer Design usign two prt parametera*
- ☐ Motorola AN 423 *Field Effect Transistor RF Amplifier Design Techniques*
- ☐ Motorola AN 548 *Microstrip Design Techniques for UHF Amplifiers*
- ☐ Motorola AN 1107 *Understanding RF Data Sheet Parameters.*

Bibliografía de diseño con diodos PIN

Graver, Robert V. , *"Microwaves Control Devices"*. Artech House, Inc. Dedham, MA, 1976.

Mortenson, K.E., and Borrego, J.M., *"Design Performance and Aplicaction of Microwave Semiconductor control Components"*, Artech House, Inc., Dedham, MA., 1972.

Watson, H.A., *"Microwave Semiconductor Devices and Their Circuit Applications"*, McGraw Hill Book Co., New York, NY., 2969.

White, Joseph F., *"Semiconductor Control"*, Artech House Inc., Dedham, MA., 1977.-

La presente edición de *Elementos de Diseño Electrónico en Radiofrecuencias -* se terminó de imprimir en Universitas en el mes de febrero de 2020.

Impreso en Argentina

www.ingramcontent.com/pod-product-compliance
Lightning Source LLC
Chambersburg PA
CBHW070545220526
45467CB00003B/1067